HEIMAT DONAU

Natur und Kultur am Strom

Dieter Scherf · Günter Moosrainer · Hubert Weiger

HEIMAT DONAU

Natur und Kultur am Strom

Herausgegeben
mit Unterstützung:

Bund Naturschutz
in Bayern e. V.

BUCH & KUNSTVERLAG OBERPFALZ

Die Deutsche Bibliothek – CIP-Einheitsaufnahme
Ein Titeldatensatz für diese Publikation ist bei
Der Deutschen Bibliothek erhältlich.

© 2008 Buch & Kunstverlag Oberpfalz
Mühlgasse 2 · 92224 Amberg
www.buch-und-kunstverlag.de
Buchgestaltung: Günter Moser
Herstellung: Druckhaus Oberpfalz, 92224 Amberg
Satz: Best-Systeme Stefan Bernt, Sulzbach-Rosenberg
Bindearbeiten: Kunst- und Verlagsbuchbinderei Leipzig

ISBN: 978-3-935719-47-6

Titelbild: In der Mühlhamer Schleife; hinter den Weiden am Ufer ist die Kirche von Aicha an der Donau zu sehen.
Seite 1: Niederalteich an der Donau
Seite 2: Abendstimmung am Donaualtwasser

Liebe zur Donau Das Geheimnis des Strömenden 6

Erbitterter Kampf um die Donauauen bei Hainburg 8

Im Dungau Die Donau im Gäuboden vor dem Bayerischen Wald 11

Fahrt auf dem Strom Die Donau von Regensburg bis Hofkirchen 17

Die Mündung der Isar in die Donau 34

Fluss und Auen Leben im und am Strom 47

Die Pflanzenwelt an der Donau 49

Die Bewohner der Auen 55

Die Vogelwelt an der Donau 61

Donaufische 69

Insektenwelt der Donauauen 74

Muscheln und Schnecken 76

Menschen an der Donau Natur- und Kulturlandschaft 79

Schifffahrt auf der Donau 85

Freizeit und Erholung 90

Lebensraum Donau bedroht durch Staustufenpläne 97

Die Chronik der Rhein-Main-Donau-Wasserstraße 109

Literaturnachweis, Fotonachweis 111

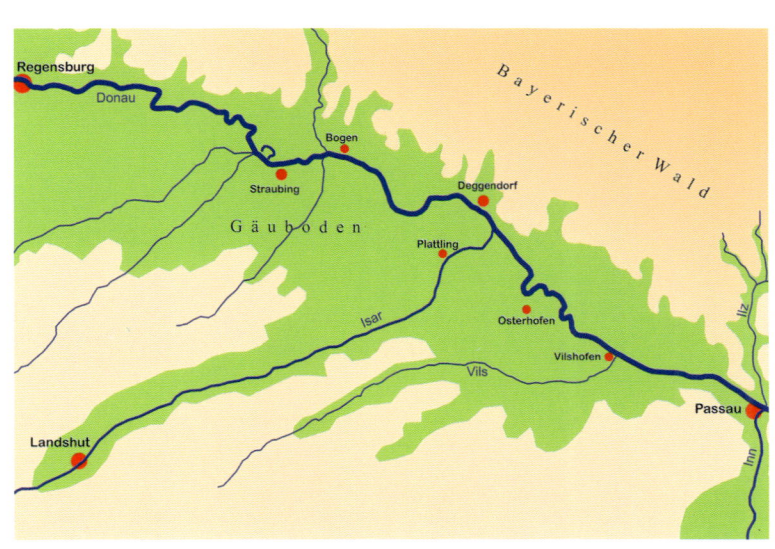

Liebe zur Donau

Das Geheimnis des Strömenden

Die Sorge um den Erhalt der frei fließenden Donau bewegt mich schon viele Jahre. Über ein halbes Jahrhundert lebe ich in Niederalteich und bin mit dem Strom und seinem natürlichen Leben auf engste verbunden. Diese Liebe zur Donau hat ihre Wurzeln in der Tatsache, dass sich fast mein ganzes Leben an frei fließenden Flüssen abgespielt hat. Geboren bin ich in Frankfurt an der Oder, wo bis zum neunzehnten Lebensjahr, von früher Kindheit an, mir das Geheimnis des Strömenden erfahrbar wurde. Nach einjähriger Unterbrechung durch einen Aufenthalt auf der Insel Fehmarn war es Hamburg, wo mir in Elbe und Alster vier Jahre lang die Vielgestalt des Strömenden nahe gebracht wurde. Während meines vierjährigen Theologiestudiums in Frankfurt am Main sah ich vom frühen Morgen an immer wieder auf den Main. Nach zweijähriger Unterbrechung durch meine erste Kaplanstätigkeit zog es

mich dann nach Niederalteich, wo die abwechslungsreiche Donaulandschaft für mich zur bleibenden Heimat wurde.

Ein bleibender Einsatz für den Erhalt der frei fließenden Donau ließ mich in Niederalteich auf die im Kloster geübten Gebetstraditionen der Ostkirchen zurückgreifen, die mir besonders eindrucksvoll die Verantwortung für das Geheimnis des Strömenden zum Ausdruck bringen.

Groß bist Du, HERR, und wunderbar sind Deine Werke, und kein Wort reicht aus, Deine Wunder zu besingen.

Denn Du hast durch Deinen Willen das All aus dem Nichtsein ins Dasein geführt, durch Deine Macht hältst Du die ganze Schöpfung zusammen, und durch Deine Vorsehung ordnest Du die Welt. Aus vier Elementen hast Du die Schöpfung gebildet, mit vier Jahreszeiten den Kreis des Jahres gekrönt. Vor Dir erzittern alle geistigen Kräfte; Dir singt die Sonne, Dich rühmt der Mond, Dir dienen die Sterne! Dir gehorcht das Licht, vor Dir beben die Abgründe, Dir dienen die Quellen. Aber Du, der unbeschreibliche, anfanglose und unaussprechliche GOTT, kamst auf diese Erde, indem Du Knechtsgestalt annahmst und wurdest wie ein Mensch.

So komm Du nun selbst, menschenliebender König, durch die Herabkunft Deines HEILIGEN GEISTES und heilige dieses Wasser, und gib ihm die Gnadengabe der Erlösung, den Segen des Jordan!
Ja, Du selbst, o Gebieter, heilige dieses Wasser durch Deinen HEILIGEN GEIST!

Verleihe allen, die es berühren, die davon nehmen, sich damit besprengen, Heiligung, Gesundheit, Reinigung und Segen und gewähre ihnen alles zum Heil Erbetene und das Ewige Leben! Denn Du bist unsere Heiligung, und Dir senden wir Lobpreis, Danksagung und Anbetung empor samt Deinem anfanglosen VATER und Deinem allheiligen und gütigen und lebenschaffenden GEIST, jetzt und allezeit und in Ewigkeit!

Amen.

Das Kreuz, das Sinnbild Christi, Er, der im Jordan untertauchte und dadurch die Wasser heiligte und im Heraufsteigen Sinnbild Seiner AUFERSTEHUNG war, wird nun auch jetzt in der Kraft Seines GEISTES die DONAU segnen!

Ein Kreuz ist in fast bescheidener Zurückhaltung eingepasst in die Landschaft. Und halb verhüllt von den Bäumen will dieses Kreuz eigentlich nichts anderes, als auf eine immer noch andauernde, ganz stille, viel zu selbstverständlich hingenommene Sensation hinweisen:

Diese Sensation ist die letzte Strecke der frei fließenden Donau hier in unserer Heimat. Diese Sensation in ihrer Bedeutung wahrzunehmen, dazu bedarf es der Stille.

Hier das Geheimnis des Strömenden. Unaufhörlich strömendes Wasser, jenes Urelement, aus dem einst die Schöpfung hervorging. Element des Lebendigen, aber auch Sinnbild der Vergänglichkeit, ja sogar Sinnbild der

Verwandlung durch den Tod. Der Strom, als das Bild des immer gleichen Fließens und Strömens – und zugleich Bild der beständigen Veränderung – Wirbel und Wellen, Auftauchen und Niedersinken. Und wer dicht ans strömende Wasser tritt und länger hineinschaut, fühlt sich geheimnisvoll im eigenen Inneren angesprochen, wie die Weisen aller Zeiten. So als würden die Stimmen des Stromes flüstern und rufen: „Komm mit! Komm mit! Lass dich los und lass dich ein! Komm mit auf die schier endlos scheinende Reise, die einmündet ins Meer, ins Grenzenlose."

Altabt Emmanuel gemeinsam mit der evangelischen Pfarrerin von Hengersberg, Sonja Sibbor-Heißmann, bei der ökumenischen Donausegnung.

Die Sehnsucht des Menschen nach dem Unendlichen wird durch das Ursymbol des frei fließenden Stromes geweckt. Ist das, was ich sagte, alles nur Traum oder dichterische Phantasie eines alternden Abtes, der seine bleibende Heimat hier am Donaustrom fand?

Alles wirkliche Leben in dieser Schöpfung ist Widerspiegelung der Lebensfülle Gottes, die auf den folgenden Seiten dieses Buchs in eindrucksvollen Bildern dargestellt ist. Für die Sehnsucht des Menschen nach unendlichem Leben gibt es die Verheißung des ewigen, unzerstörbaren Lebens, zu dem wir, wie der Strom zum Meer, miteinander unterwegs sind.

† Altabt Emmanuel Jungclaussen

Erbitterter Kampf

um die Donauauen bei Hainburg

Im Sommer 1989 erklärten in einer Donauzille bei Haslau die „Fünf im Boot" – die Minister Marilies Flemming (Umwelt), Franz Fischler (Land- und Forstwirtschaft) und Wolfgang Schüssel (Wirtschaft), Vizekanzler Josef Riegler und der niederösterreichische Landeshauptmann-Stellvertreter Erwin Pröll – die grundsätzliche Priorität eines Nationalparks vor weiteren Kraftwerksbauten. Woher die jähe Einsicht? Hatten nicht einige von ihnen noch 1987 (vier Jahre nach der legendären Besetzung von Hainburg) wieder von „abgemilderten" Staustufen geschwärmt? Nun – jetzt hatten sie erfahren, dass wir mit großherzigen Besicherern und Naturschutzverbänden im Begriff waren, die Auen am Südufer aufzukaufen – strategische Uferkilometer samt Wasserrecht mit Parteistellung. Genau dies hatte die DonauKraft AG versucht – doch die Auschützer hatten die Grundeigentümer umgestimmt, gegengeboten und gesiegt – auf 411 Hektar! Dennoch brauchte es nach der „Zillenpartie" noch sieben Jahre des Ringens mit Beamten, Behörden und Ortsbewohnern bis zum Nationalpark – ein mühevolles Happy End für einen Naturschutzkrimi, wie er seinesgleichen sucht.

1984 sollte bei Hainburg das größte Donaukraftwerk Österreichs gebaut werden, sieben Quadratkilometer Auwald sollten dem direkt zum Opfer fallen. Doch landesweite Proteste bis hin zur gewaltlosen Besetzung der Auwälder durch Tausende von Menschen, an der sich auch Bayerische und Schweizer Naturschützer sowie namhafte Wissenschaftler beteiligten, brachten die Pläne zu Fall. Der 81-jährige Konrad Lorenz unterstützte den Widerstand – rief in täglichen Appellen aber eindringlich zum bedingungslosen Gewaltverzicht auf. Als „Umweltgewissen der Nation" und Aggressionsforscher fühlte er besondere Verantwortung für die Unversehrtheit tausender Idealisten. Die Besetzung – damals als illegal hingestellt – verhalf in Wahrheit dem Recht zum Durchbruch: Der Bau wurde wegen schwerer Mängel im Wasserrechtsverfahren eingestellt. Der Stau hätte das Grundwasser der Au – bestes Trinkwasser – durch Amputation vom belebenden Fluss ungenießbar werden lassen – eine Reserve für 750 000 Einwohner! Heute ist die Donau mit ihren Auen zwischen Wien und Bratislava ein von der IUCN (International Union for Conservation of Nature) anerkannter Nationalpark mit einer gewaltigen Vielfalt an Lebensräumen, Pflanzen- und Tierarten. Etwa 36 Kilometer des 2 850 Kilometer langen Donaustroms sind damit vor weiteren zerstörerischen Eingriffen geschützt – ein kurzer Abschnitt des so bedeutenden Stroms, der eigentlich als Ganzes geschützt werden sollte.

Besonders in ihrem Oberlauf ist die Donau kein freier Fluss mehr, sie ist zerstückelt in eine Kette von Stauseen; der Strom ist der Stromgewinnung geopfert. Nur in kurzen Abschnitten fließt die Donau noch frei, nur noch Reste von Auwäldern begleiten auf wenigen Strecken den Fluss.

Durch Jahrhunderte sah man in den Auen wenig mehr als Überschwemmungsräume, feudale Jagdreviere, reiche Fischgründe und Holzeinschlaggebiete. Die jährlichen Hochwasser schützten sie vor Zersiedelung, Landwirtschaft, Straßenbau und Industrie – „gleich langgestreckten Oasen der Wildnis inmitten der jahrtausendalten Kulturlandschaft, in der sonst kein Fußbreit Boden von Menschen verschont geblieben war" (E. Wendelberger).

Gerade weil man die Auen kaum nutzte, sind sie bis heute von größtem Nutzen für die Allgemeinheit, und zwar als:

1. wichtigste Trinkwasserreserven des Tieflandes
2. naturnahe Erholungsgebiete höchster Erlebnisdichte, Vitalität und Regenerationskraft
3. Feuchtgebiete als Zufluchts- und Regenerationsraum für eine überaus artenreiche und vielfältig interessante Tier- und Pflanzenwelt (rund 5 000 Tierarten, 623 Blütenpflanzenarten), natürliche Rückhaltebecken für Hochwässer, in Trockenzeiten Wasserspeicher der Umgebung
4. großräumige Luftbefeuchter, die kilometerweit in die Agrarsteppe des Gäubodens wirken.

Auen sind durch Überschwemmungen entstanden und können nur durch Hochwasser überleben. Diese formen ihr wechselndes Antlitz, sie sind das Lebenselixier der Auen: Jährlich wiederkehrende Überflutungen sorgen für Grundwasseranreicherung, nähren durch düngenden Schlamm die hohe – fast tropisch anmutende – Produktivität, spülen mit gewaltiger Räumkraft die Seitenarme und schützen so die Altwasser vor Verlandung, bilden Tümpel, „pflügen" die Au um und schaffen durch Aufschüttung und Abtragung neue Pionierstandorte.

Die starken Spiegelschwankungen des Grundwassers im Schotterkörper der Au sind die großen Atemzüge dieser Landschaft, der pulsierende Wechsel zwischen Durchnässung und Durchlüftung des Wurzelraumes. Nur der dynamische Kontakt von Fluss und Begleitlandschaft ermöglicht eine funktionierende Au.

Die Biotopvielfalt – offener Strom, Kies- und Sandbänke, Neben- und Altarme, unterschiedlichste Stillwasser, Pionierstandorte, Uferabbrüche, Spülsäume, Feuchtwiesen, Heißländen, Verlandungsgesellschaften, Waldsukzessionen – sichert diesen Auen einen in Mitteleuropa konkurrenzlosen Artenreichtum.

Die Auen an der frei fließenden Donau in Bayern zwischen Straubing und Vilshofen mit ihrem Herzstück an der Isarmündung, bilden ein einzigartiges Refugium, eine „Arche Noah" für diesen Artenreichtum. 145 Vogelarten brüten hier, 54 Fischarten haben hier ihre Lebensräume, 174 verschiedene Muscheln und Schnecken hat man im Fluss und in den Auen um die Isarmündung gezählt. Von den unzähligen Insektenarten fallen besonders die über 20 verschiedenen Libellenarten auf, und wer sich Zeit nimmt, kann hier über 150 Falterarten entdecken.

Doch – wie einst die Donauauen bei Hainburg – ist dieser so wertvolle Naturraum von Staustufenplänen bedroht, der Kampf um den letzten längeren Freiflussabschnitt der Donau in

Bayern, ist noch nicht ausgestanden. Noch immer versuchen starke Kräfte der Bau-, Energie- und Transportwirtschaft, hier ein Stück Donau, das in seiner ökologischen Wertigkeit besonders im Abschnitt um die Isarmündung mit der Donau im Nationalpark Hainburg durchaus gleichzusetzen ist, allen wissenschaftlichen Erkenntnissen und Einsichten zum Trotz, in öde Stauräume, in eine seelenlose Schifffahrtsrinne zu verwandeln. Sie schlagen dabei auch noch die „ökologische Harfe", indem sie die angeblichen Energievorteile und Verkehrschancen erhöhter Tiefgänge bei Kähnen krass verzerrt und übertrieben darstellen – wagen es solcherart von „Umweltfreundlichkeit" des Großausbaus zu schwärmen – wo naturräumliche Umwelten, wie nur der fließende Fluss sie schafft, samt Grundwasserqualitäten großräumig zerstört würden.

In eindrucksvollen Bildern und kundigen Texten zeigt das vorliegende Buch Einsichten in eine einzigartige Landschaft und in Details eines großartigen Naturraums, eines Erbes der Natur und der Kultur, das zu bewahren hohes Ziel aller empfindenden Menschen sein muss.

Prof. Dr. Bernd Lötsch

Im Dungau

Die Donau im Gäuboden vor dem Bayerischen Wald

Aus den Tälern des Juras fließt die Donau bei Regensburg in die weite Ebene des Gäubodens. Fast 500 Kilometer hat der Fluss bis hierher schon zurückgelegt, von den Osthängen des Schwarzwalds, wo sich das Wasser aus Wiesenbachquellen zu kleinen Flüssen sammelt. Bei Donaueschingen vereinen sich die Flüsschen Briegach und Breg zur Donau. Bei Regensburg ist das kleine Gewässer aus dem Schwarzwald mit Zuflüssen aus den Alpen im Süden – Riß, Iller, Günz, Lech – und den Mittelgebirgen im Norden – Wörnitz, Altmühl, Naab, Regen – schon zum stattlichen Strom geworden. 130 Kilometer zieht die Donau jetzt durch den Gäuboden, die weite, fruchtbare Ebene vor dem Bayerischen Wald, bis sie bei

Vilshofen im Engtal des Kachlet zwischen Granitfelsen des Bayer- und Böhmerwaldes ihren Weg weiter nach Süden und Osten sucht. Kurz bevor die Donau den Gäuboden verlässt, nimmt sie die Isar auf, die einst reißende, die so viel Kies aus dem Gebirge zur Donau gebracht hat, aber auch Pflanzen und Tiere der Alpen, die man noch heute in den ausgedehnten Auwäldern um das Mündungsdelta finden kann. Nach dem Verlassen des ebenen Dungaus hat die Donau noch über 2000 Kilometer (2250) vor sich, durch viele Länder, enge Täler und weite Ebenen, bis sie sich dann in viele Arme auffächert, die sich im Schwarzen Meer verlieren.

Die Menschen, die im fruchtbaren Gäuboden ihre Felder bestellen, fragen

nicht woher die Donau kommt, wohin sie geht. Sie ist da, Teil ihrer Heimat, sie strömt stetig vorbei. Aber schon immer bringt die Donau im Vorbeiströmen Neues und Fremdes aus der Ferne, schon immer führt sie in ferne Länder.

Der ertragreiche Boden gibt schon früh Menschen Heimat, die hier bleiben, siedeln und bald auch Getreide anbauen. Die niederbayerische Donauregion ist eine der am frühesten besiedelten Gebiete Europas. Herausragende Plätze wie der Bogenberg bei Straubing und der Natternberg bei Deggendorf lassen menschliche Spuren aus der Urzeit europäischer Besiedelung erkennen. Regensburgs, Straubings und Passaus Geschichte reicht weit zurück über

Straubing an der Donauschleife, in der einst mit Hilfe der „Bschlacht" der Donaufluss in der Nähe der Stadt gehalten wurde. Heute führt die Wasserstraße durch die „Alte Donau", die Schleife ist abgeschnitten.

Morgendlicher Blick von der Burgruine Donaustauf auf die Altwasser der Donau. Durch eine Staustufe ist die Wasserstandsdynamik verloren gegangen – Bäume sterben ab.

die römische Ära und die keltischen Jahrhunderte bis in die frühe Vorzeit.

Um die Zeitenwende ergreifen die Römer im Dungau Besitz von einem kultivierten Land. Sie machen hier die Donau zur Nordgrenze ihres Reiches. Mit zahlreichen Wachposten, Befestigungsanlagen und Militärlagern sichern sie die Provinz Raetia.

der Bajuwaren zusammen. Die Agilolfinger aus dem germanischen Stamm der Langobarden gelten als das älteste „bayerische" Herzogsgeschlecht. Sie machen das ramponierte Römerlager Castra Regina zu ihrem Sitz und beginnen von hier aus das Land zwischen Bayerischem Wald und Alpen zu beherrschen. Als Niederlassungen der

Aber auch schon für die Römer ist die Donau nicht nur Grenze, sondern auch wichtiger Verbindungs- und Verkehrsweg, besonders in die östlichen Provinzen.

Die Völkerwanderungszeit bringt Unruhe auch in die Donauregion vor dem Bayerischen Wald. Das Römerreich geht unter, aber das Leben in diesem bevorzugten Land geht weiter.

Unter den Herzögen der Eindringlinge aus dem Norden und Osten finden sich Einwanderer und ansässige Nachkommen der Kelten und Römer zum Stamm

neuen Ordnung werden Klöster eingerichtet, 731 durch den Agilolfinger-Herzog Odilo Niederalteich und etwas später, 766, schon unter dem stärker werdenden Einfluss der Franken, Metten. Von diesen Klöstern aus dehnten die neuen Herren ihren Machtbereich nach Norden in den Bayerischen Wald und nach Südosten donauabwärts aus. Über tausend Jahre spielten diese Klöster neben den Städten Regensburg, Straubing, Deggendorf und Passau eine bedeutende Rolle für die kulturelle und wirtschaftliche Entwicklung der Region, bis zu Beginn des 19. Jahrhunderts mit der Säkularisation die Macht- und Besitzverhältnisse im jungen Königreich Bayern neu geregelt wurden.

Die industrielle Revolution des 19. Jahrhunderts hat das Land an der Donau vor dem Bayerischen Wald lange Zeit nur wenig verändert. Der Gäuboden ist Bauernland geblieben, auch

der Siedler. Seit dem frühen Mittelalter, wahrscheinlich auch schon früher, haben die Menschen an der Donau versucht, den großen Fluss in seinem Bett festzuhalten. Vertiefungen im Gelände und stille Wasser in der Ebene, die oft „Alte Donau" heißen, lassen noch heute erkennen, wo und wie sich der Strom in früheren Zeiten bewegt hat.

wenn sich Arbeits- und Wirtschaftsweisen in der Landwirtschaft den neuen Mitteln und Möglichkeiten angepasst haben. Erst nach dem zweiten Weltkrieg hat sich auch hier in gewissem Umfang Industrie entwickelt, die das Landschaftsbild aber nicht grundsätzlich verändern konnte.

Die Donau selbst hat sich durch menschliches Wirken und Einwirken nach und nach verändert. Dass sich der Fluss in der weiten Ebene immer wieder neue Wege gesucht hat, war schon früh ein Problem für die Felder und Gebäude

Die Schiffe, auf denen Menschen reisten und ihre Güter transportierten, sind jahrhundertelang stromab mit der Strömung getrieben, wurden stromauf von Menschen oder Tieren – Ochsen und Pferden – gezogen. Wege entlang dem Fluss, die Treppel-, Trempel- oder Treidelwege, haben das Bild des Donauflusses geprägt. Als zu Beginn des 19. Jahrhunderts Dampfschiffe den Verkehr auf der Donau übernommen haben, hat sich das Bild des Flusses verändert. Jetzt wurde mit Steinwällen quer zur Flussrichtung, sogenannten

Der Purpurreiher, der in den unzugänglichen Bereichen der Donauauen gut versteckt im Schilf brütet, hat einen Fisch erbeutet.

Der Laubfrosch ist in unserem Land sehr selten geworden – in den Auen um die Isarmündung hat er noch eine Heimat.

Buhnen, das Wasser zur Mitte des Stroms gedrängt, um auch zu Niedrigwasserzeiten eine tiefe Fahrrinne für große, maschinengetriebene Schiffe mit mehr als einem Meter Tiefgang zu haben.

Richtig große Eingriffe hat man erst Anfang des 20. Jahrhunderts begonnen. Um die Flächen an der Donau vor den regelmäßigen Überflutungen zu schützen, Ackerbau bis an den Rand des Flusses zu ermöglichen, wurden Deiche errichtet. Jetzt kann die Donau ihre Wassermassen nicht mehr weit in die Ebene verteilen, das Hochwasser zieht hinter den Deichen bedrohlich an Dör-

fern und Feldern vorbei, weit höher als das umgebende Land, das trocken bleibt, so lange die Deiche halten und so lange nicht das gefürchtete Jahrhunderthochwasser kommt. Mächtig strömt das Hochwasser flussabwärts, schnell wird es aus der Ebene in die Durchbruchsenge des Kachlet geleitet –

die Stadt Passau hat darunter zu leiden.

Die größte Veränderung hat die bayerische Donau in den letzten Jahrzehnten des 20. Jahrhunderts auf ihrem Abschnitt von Kelheim bis Straubing erfahren. Nach einer alten Idee, die aus einer Zeit stammt, zu der Landtransporte langsam und mühsam waren, zu der es noch keine Eisenbahn und keine großen Lastautos gab, hat man einen Schifffahrtskanal gebaut, der den Rhein über den Main mit der Donau verbindet. Große Schiffe mit schweren Lasten sollen quer durch Europa, von Rotterdam bis ins Schwarze Meer, fahren können. Für dieses Ziel hat man auch begonnen, den Donaustrom zu opfern, einzustauen, zu kanalisieren. Große Staustufen bei Regensburg, bei Geisling und bei Straubing halten das Donauwasser zurück, heben den Wasserspiegel, in manchen Bereichen hoch über das umgebende Land. In den Staubereichen fließt das Wasser kaum mehr, Kiesufer und Silberweiden sind verschwunden. Die große Stromschleife vor Straubing wurde zum kümmerlichen Altwasser gemacht.

Von Straubing stromabwärts ist die Donau trotz aller menschlicher Eingriffe noch ein richtiger Fluss. 70 Kilo-

meter, bis zum Rückstau des Kachlet-Kraftwerks kurz vor Passau, strömt der Fluss ungehindert durch die Ebene vor dem Bayerischen Wald. Der Wechsel zwischen hohen und niederen Wasserständen schafft Lebensräume am Fluss, wie es sie bei uns nur noch ganz selten gibt. Viele Pflanzen und Tiere, die in der intensiv genutzten Landschaft kaum noch leben können, haben hier ihre Heimat.

Im milden Klima der Donau blüht von Mai bis in den Sommer in Gräben und an den Altwassern die leuchtend gelbe Wasser-Schwertlilie.

Der Fluss selbst, das 70 Kilometer lang ungehindert strömende Wasser, im wechselnden Austausch mit den Auen und Altwassern, mit Kiesbänken und geheimnisvollen Tiefen, ist ein Lebensraum für unübertroffenen Artenreichtum.

Über 50 Fischarten leben in der Donau vor dem Bayerischen Wald, einige davon gibt es nur hier. Die kiesigen Ufersäume sind übersät von Schneckenhäuschen und Muschelschalen, die auch dem flüchtigen Betrachter zeigen, dass im und am Fluss eine große Vielzahl unterschiedlicher Muscheln und Schnecken lebt. Nur ein paar Minuten ruhigen Verweilens unter den Silberweiden am Donauufer, wenn ein Eisvogel vorbeischießt, ein Graureiher ruhig im Wasser steht, ein Trupp Reiherenten vorbeizieht und hoch im Laub der Pirol ruft, lassen erahnen, wie reich die Vogelwelt hier ist.

Die Donaulandschaft im Gäuboden vor dem Bayerischen Wald ist es wert, sich genauer damit zu befassen und sie näher kennen zu lernen, mit allem was hier ist, was hier wächst und was hier lebt.

Fahrt auf dem Strom

Die Donau von Regensburg bis Hofkirchen

In einem „Handbuch für Reisende auf der Donau", das im Jahr 1819 in Wien erschienen ist, schreibt der zu seiner Zeit sehr bekannte Naturforscher und Schriftsteller Joseph August Schultes (1773-1831):

„Die Fahrt von Regensburg bis Straubing vereinigt ... alle Annehmlichkeiten und Unannehmlichkeiten einer Donaufahrt: sie ist auf alle Fälle eine der langsamsten; denn man braucht 8 Stunden von Regensburg bis Straubing ...".

In der weiten Ebene des Gäubodens fließt die Donau nur langsam. In großen Schleifen windet sich der Fluss 120 Kilometer lang durch 80 Kilometer Flachland zwischen Bayerischem Wald und niederbayerischem Hügelland, von

Regensburg bis kurz vor Vilshofen. Bei Vilshofen liegt der Wasserspiegel nur etwa 20 Meter tiefer als in Regensburg. Reisende vergangener Tage, deren Schiffe flussabwärts der Strömung folgten, hatten viel Zeit, die Landschaft zu betrachten.

„Das linke Donauufer bietet an den Felsenbergen von Donaustauf, an den Bergen um Wörth prachtvolle Landschaftsgemälde dar, an welchen das Auge sich kaum satt zu sehen vermag; das rechte Ufer hingegen ist eines der eintönigsten und langweiligsten an der ganzen Donau, das außer der überschwänglichen Fruchtbarkeit einer ungeheueren Ebene und einer Menge von Dörfern, die nichts weniger als malerisch sind, dem Auge des Reisen-

den auch kaum eine einzige Partie darbietet, die des Pinsels wert wäre. Die unendlichen Krümmungen, die die Donau hier bildet, und in welchen sie öfter sogar zurück zu fließen scheint hinauf nach Regensburg, ziehen großen Teiles durch öde sumpfige Niederungen, und führen den Schiffenden oft ein Halbdutzend-Mal zurück auf den selben Standpunkt, von welchem er die Gegend umher bereits gesehen hat."

Die Kulisse des Bayerischen Waldes vor der weiten Ebene mit dem großen Fluss hat die Menschen schon immer beeindruckt. Albrecht Altdorfer, der um die Wende des 15. zum 16. Jahrhundert gelebt und gemalt hat, hat mit seinem Bild „Donaulandschaft mit Schloss Wörth" eines der frühesten reinen

An einem kalten Wintermorgen liegt Nebel über der Donau. Und unverwechselbar darüber die turmreiche Silhouette der Stadt Straubing.

Eindrucksvoll schlängelt sich der Donauverlauf durch die Ebene des Gäubodens zwischen Regensburg und Straubing, aber die feste Uferlinie und fehlende Kiesbänke und Auwälder verraten, dass der Strom hier nicht mehr frei fließt.

Im Frühjahr steht das Wasser hoch in den Altwassern und Nebenarmen der Donau. Die Silberweiden sind dem Wechsel von Überflutung und Austrocknung des Auenbodens gewachsen.

18

Die Öberauer Schleife, bis vor wenigen Jahren ein eindrucksvoller Donaumäander, ist durch die kanalisierte Donau vom Fluss abgeschnitten.

Landschaftsbilder geschaffen. Viele Maler nach ihm haben romantisch verklärt den Fluss mit Schiffen darauf und ländlichem Leben daran, die Donaustädte, Klöster und Burgen vor blaugrünen Bergen dargestellt. Doch die Schönheit und den Wert der Flussauen, der feuchten Wiesen, stillen Altwassern und dichten Auwälder, kennen wir erst heute. Erst jetzt wissen wir, welchen Hort der Lebensvielfalt die wilden Flussauen darstellen, die so lange als lebensfeindlich gegolten haben.

Wenn wir heute mit dem Schiff von Regensburg flussabwärts nach Südosten fahren, sehen wir wie zu allen Zeiten links die Vorberge des Bayerischen Waldes und rechts die Ebene so weit das Auge reicht. Die Fahrt geht nicht mehr so langsam, denn die heutigen Schiffe, Frachtschiffe und Fahrgastschiffe, sind mit ihren starken Motoren nicht mehr auf die Strömung angewiesen. Zwischen Regensburg und Straubing strömt das Wasser auch kaum mehr, zwei große Staustufen, eine bei Geisling und eine bei Straubing, hemmen den Lauf der Donau. Die großen Wasserflächen hinter den Stauwehren, oft höher als das umgebende Land gelegen, wirken wie lange Seen, in die die Donau hineinfließt und aus denen das Donauwasser durch Turbinen wieder abfließt, die Kraft der Donau wird hier in elektrische Energie umgesetzt. Die Schiffe überwinden die Staustufen in Schleusen, über sieben Meter (Geisling: 7,30 m, Straubing: 7 m) müssen sie flussaufwärts gehoben, flussabwärts gesenkt werden.

Mit dieser Technik in der Natur hat sich das Wesen der Donau verändert. Wer am Morgen von der Ruine Stauf in Donaustauf nach Osten schaut, sieht die Donau noch immer als glänzendes Band in der Landschaft, das sich der Sonne entgegenwindet, aber das Leben im und am Fluss ist nicht mehr das, was es einmal war. Es ist der immer wiederkehrende Wechsel zwischen hohem und niedrigem Wasserstand, der Lebensbedingungen schafft, mit denen nur ganz bestimmte Pflanzen und Tiere zurechtkommen, Lebensgemeinschaften, die darauf angewiesen sind, dass ihr Lebensraum immer wieder überflutet wird und dann wieder austrocknet. Entlang der Donau von Regensburg bis Straubing ist diese Natur des ständigen Wechsels verschwunden. Es gibt noch die großen Stromtalwiesen zwischen der kanalisierten Donau und den geschlungenen Altwassern bei Pfatter und Gmünd, sie haben nach dem Donauausbau aber viel von ihrem Artenreichtum verloren. Pfatterer Au

19

Das Kloster Oberaltaich wurde um 1080 vom Regensburger Domvogt Friedrich II. und den Grafen von Bogen gegründet. Nach dem vorbeifließenden Altwasser der Donau erhielt es den Namen „Alt-ach". Der heutige Kirchenbau geht auf den Abt Veit Höser in den Jahren 1622 bis 1630 zurück. Nach den Verwüstungen des dreißigjährigen Krieges wurde die Kirche zu Beginn des 18. Jahrhunderts neu ausgestattet.

Zeit bereinigt. Die Donau wird von Regensburg bis Straubing als gut ausgebaute Wasserstraße begradigt von Stau zu Stau geführt, sie hat hier viel von ihrer früheren Eigenart verloren.

Unterhalb der Staustufe Straubing ist die Donau noch ein richtiger Fluss. Fast 70 Kilometer lang, bis zum Rückstau des großen Wasserkraftwerks Kachlet kurz vor Passau, fließt sie frei, ohne künstliche Unterbrechung. Weil kein Stauwehr den Wasserstand reguliert, ist hier, je nach Jahreszeit und Wetter, mal mehr und mal weniger Wasser im Fluss. Immer wieder breitet sich die Donau aus, überflutet die Deichvorländer und setzt Wiesen und Auwälder unter Wasser, dann zieht sie sich wieder in ihre tiefste Rinne zurück und gibt breite Kiesbänke und Kiesinseln frei, die weiß in der Sonne glänzen. Seit die Schiffe nicht mehr von Menschen oder Tieren flussaufwärts gezogen werden müssen, hat man am Flussufer Leitwerke und Buhnen gebaut, Wälle aus kopfgroßen

und Gmünder Au stehen heute unter Naturschutz. Naturfreunde pflegen die Flächen, damit die Brutreviere für die Vögel, die in den feuchten Wiesen und am Wasser leben, wie Kiebitz, Brachvogel, Bekassine, Rotschenkel, erhalten bleiben. Aber der Stau hat die Grundwasserverhältnisse verändert, jetzt ändern sich die Wiesenflächen nach und nach und niemand weiß, wie lange es dauert, bis auch die eindrucksvolle Vogelwelt von hier verschwunden ist.

Auch die Öberauer Schleife kurz vor Straubing, der große Donaumäander, der im Zuge des Donauausbaus in den

neunziger Jahren des 20. Jahrhunderts von der Donau abgetrennt wurde, ist heute Naturschutzgebiet. Wo sich noch vor wenigen Jahren die Donau in einer großen Schleife durch die Ebene bewegt hat, ist jetzt ein ruhiges Altwasser, das, über eine technische Einrichtung geregelt, mit Wasser aus dem gestauten Fluss versorgt wird.

Was der Reisende des 19. Jahrhunderts beklagt hat, die Donau scheine öfter wieder zurück nach Regensburg zu fließen, dass er wegen der Flusswindungen das Gefühl hat, nicht von der Stelle zu kommen, wurde in neuester

Granitsteinen, die Leitwerke längs, die Buhnen quer zum Fluss. Damit wird in der trockenen Jahreszeit das Donauwasser in einer Fahrrinne zusammengeführt, die auch für Motorschiffe und Schubverbände tief genug ist. Eine Fahrrinne, die auch zu Niedrigwasserzeiten mindestens zwei Meter tief ist, war für die Binnenschiffe bis in die Mitte des 20. Jahrhunderts genug. Heute verlangen Großschifffahrts- und Bauunternehmer, dass die Donau auch von Straubing bis Vilshofen für größte Binnenschiffe „ertüchtigt", dass sie auch hier in einen begradigten, gestauten und vertieften Kanal umgebaut wird. Was dieser „Umbau" für die Natur und die Landschaft bedeuten würde, kann sich jeder vorstellen, der die kanalisierte Donau kennt und den Fluss zwischen Straubing und Vilshofen einmal erlebt hat.

In Straubing, unterhalb der neuen Staustufe, sind noch die Spuren einer früheren Wasserbaumaßnahme zu erkennen. In den Anfängen der Stadt Straubing lag die Siedlung auf sicherer Höhe über einer Donauschleife. Im Laufe der Zeit hat sich die Donau hier, wie an so vielen Stellen in der Ebene, einen

Zwischen Stephansposching und Mariaposching pendelt noch immer die Fähre und bringt Menschen und Fahrzeuge nur durch die Kraft der Strömung an einem Seil gezogen über die Donau.

anderen Weg gesucht und die Schleife bei Straubing als Altwasserarm liegen lassen. Als im 15. Jahrhundert Straubing zur mächtigen Stadt geworden war, leiteten die Straubinger mit einem Steinwall im damaligen Hauptfluss, der „Bschlacht", die Donau durch den Altwasserarm wieder an die Stadt heran, um den Schiffsverkehr besser zu kontrollieren und Zoll erheben zu können. Der frühere Hauptfluss wurde zur „Alten Donau". Heute wird der Schiffsverkehr von und zu der Straubinger Schleuse wieder durch die „Alte Donau" geleitet, in den Donauarm direkt an der Stadt kommen nur noch die Fahrgastschiffe.

Ein kurzes Stück stromabwärts kommt die Donau zum ersten Mal nahe

an einen Ausläufer des Bayerischen Waldes heran. Mehr als hundert Meter erhebt sich die steile Südwand des Bogenbergs fast unmittelbar vom Donauufer. Wie eine Kanzel steht der Felsen über der Ebene. In seinem „Handbuch für Reisende auf der Donau" schreibt der Autor ganz begeistert über die Sicht vom Bogenberg aus:

„Im Süden liegt die größte Hälfte von Baiern ausgebreitet unter dem Gipfel des Vorberges, von dem das Auge hinreicht mit seinen Blicken bis an die ewig beschneiten Gipfel Tirols und Salzburgs; gegen Westen streift es hinauf über die weite Ebene über Straubing hin fast bis nach Regensburg; gegen Osten bis an die Berge in der Nähe von Passau."

Das Kloster und der Markt Metten liegen in einer nach Süden geöffneten Bucht des Bayerischen Waldes am Rande der niederbayerischen Donauebene. Das Kloster wurde um das Jahr 766 gegründet, Karl der Große hat Metten besonders geschützt und gefördert. Von hier aus wurden weite Teile des Bayerischen Waldes christianisiert.

Wie eine Kanzel steht der Felsen des Bogenbergs über der Donau und der Gäuboden-ebene. Den sicheren Platz haben sich die Menschen der Frühgeschichte für ihre Siedlung gewählt. An der Stelle eines Klosters aus dem 8. Jahrhundert und dem späteren Stammsitz der Grafen von Bogen steht heute die älteste Marienwallfahrt Bayerns. Der Sage nach kam das Gnadenbild die Donau stromaufwärts geschwommen. Das Gnadenbild „Maria in der Hoffnung" in der Wallfahrtskirche am Bogenberg ist um 1400 entstanden. Durch eine rechteckige Öffnung ist der stehende Jesusknabe im Leib Mariens zu sehen.

Karl der Große, hier sein Standbild auf dem Hoch-
altar der Klosterkirche, gilt als der herausragende
Förderer Mettens in den frühen Jahren.

Der Bibliothekssaal des Klosters Metten gilt als
Juwel barocker Dekorationskunst. Zu Beginn
des 18. Jahrhunderts (1706–1720) prunkvoll ausgestattet, sollte der Saal der wertvollen Bibliothek
in dem bedeutenden Zentrum des Glaubens und
der Wissenschaft ein würdiges Gewand geben.

Die in jeder Weise hervorragende Lage hat den Bogenberg zu einem besonderen Ort der Geschichte Bayerns gemacht. Funde belegen, dass hier schon vor über 3500 Jahren, in der Bronzezeit, eine größere Siedlung bestanden hat. Man kann aber sicher davon ausgehen, dass der Bogenberg bewohnt ist, seit Menschen in unserer Region sesshaft sind. Im 8. Jahrhundert wurde hier ein Kloster errichtet, dann machten die Grafen von Bogen den Berggipfel zu ihrem Sitz, den sie später, im 13. Jahrhundert, wieder den Benediktinern überließen. Seitdem ist der Bogenberg einer der bedeutendsten Marien-Wallfahrtsstätten Bayerns. Hier wird ein steinernes Marien-Standbild verehrt, das der Legende nach auf der Donau stehend stromaufwärts geschwommen und unterhalb des Bogenbergs an einem Busch hängen geblieben ist.

Die nach Süden zur Donau hin abfallenden Hänge sind zu steil für jede Nutzung, sie sind ein Refugium für seltene, Wärme liebende Pflanzen und Tiere. Im Frühjahr blüht hier die Küchenschelle, die Äskulapnatter und das Haselhuhn haben mit vielen Insekten, Reptilien und Vögeln im Naturschutzgebiet am Bogenberg ihre Heimat.

Über den weiteren Verlauf der Donau ist in dem fast zweihundert Jahre alten Handbuch zu lesen:

„Je näher die Donau der Mündung der Isar rückt, desto interessanter werden ihre Ufer, und desto mehr drängen sich Dörfer in die Nähe der selben hin .... Posching liegt an beiden Ufern der Donau zugleich: ein Teil am linken Ufer heißt Maria-, der andere Stephan-Posching: es gehörte den alten Herren von Degenberg."

Die Dörfer Stephansposching und Mariaposching verbindet noch immer eine Seilfähre, wie es sie bis in die Mitte des 20. Jahrhunderts, vor dem Bau großer Straßenbrücken, in vielen Donauorten gegeben hat. Zwischen zwei hohen Masten ist ein Seil über die Donau gespannt. Auf diesem Seil läuft eine Rolle („Laufkatze"), an der über ein weiteres Seil das Fährschiff hängt. An der Fähre selbst ist das Seil so befestigt, dass es an einer Seite zwischen den beiden Schiffsenden bewegt werden kann. Je nach der Position des Seils an der Fähre stellt sich diese schräg in die Strömung und treibt so über den Fluss. Es ist schon ein besonderes Erlebnis, wenn zwei, drei moderne Autos auf eine knarrende Holzfähre fahren, um dann nahezu geräuschlos, am Seil hängend und nur durch die Strömung gezogen, über den Fluss gebracht zu werden.

„Die Gegend wird hier, zumal am linken Ufer, mit jedem Ruderschlage schöner: die Hügel des Vorgebirges des Waldes treten immer näher und näher hervor, und helfen die herrliche Szene vorbereiten, die den Schiffenden bei Deggendorf erwartet. Das alte Uttenkofen, das kleine Steinfurt, und das uralte Steinkirchen beleben das flache niedrige rechte Ufer. ... Diesem Dorfe gegenüber am linken Ufer liegt Hundeldorf, Sommerdorf und endlich Klein-Schwarzach mit dem kleinen Flüsschen Schwarzach, das hier in die Donau fällt."

Hochwasserschutzdeiche, die seit Beginn des 20. Jahrhunderts angelegt wurden, haben das Bild der Donaulandschaft hier nur wenig verändert. Die Schwarzach mündet nicht mehr als geschlungenes Flüsschen bei Kleinschwarzach, sondern gerade geführt zwischen hohen Schutzdeichen ein Stück stromaufwärts. Ein Aussichtsplatz auf dem Deich an der neuen Schwarzachmündung lässt auf die Donau blicken und die lang gezogene Halbinsel, die ein stilles Altwasser von der Donau trennt. Wer lange genug mit Ruhe in dieses Naturschutzgebiet schaut, kann die seltensten Wasservögel beobachten, den Graureiher, der ruhig im Wasser steht, den Eisvogel, der über dem Wasser auf der Lauer sitzt, und, mit viel Glück, auch einmal einen Biber, der das Altwasser durchquert. Die Radfahrer, Ausflügler aus den umliegenden Orten oder Wanderradler auf dem Weg von Regensburg nach Wien, fahren hier gerne auf dem Deich, der den Blick frei gibt auf den Donaustrom rechts und den Bayerischen Wald links. Die Vorberge bilden hier eine Bucht, in deren Schutz schon sehr früh bedeutende Orte entstanden sind.

„Weiter landeinwärts sieht man Offenberg auf seinem Hügel, Wolfstein

Der Stadtkern von Deggendorf zeigt noch heute das typische Regelmaß einer wittelsbachischen Stadtanlage des 13. Jahrhunderts.

und das alte Zeitldorf, das schon im Jahr 886 vorhanden, und noch tiefer landeinwärts Neuhausen, Himmelberg und das berühmte Kloster Metten. Am rechten Ufer erhebt sich über Stauffendorf der herrliche Natternberg. Einzig schön ist hier diese Gegend an der Donau. Die Vorgebirge des Waldes zur Linken, der isolierte Natternberg zur Rechten, bilden den Vordergrund zu dem Prachtgemälde, das die mächtigen Bergkuppen des Böhmer-Waldes ... hier bilden. Zwar sind die Formen der Berge an diesem Urgebirge nicht so malerisch als an unseren Kalkalpen; sie sind auch großen Teils beinahe um die Hälfte niedriger als dieselben; indessen ist doch das Amphitheater, in welchem sie sich hier über und nebeneinander auftürmen, um die große Krümmung der Donau, eine der prachtvollsten Ansichten, die dieser Strom auf seinem ganzen weiten Laufe gewährt, und die man vergebens am Rheine von Basel bis zur Nordsee suchen wird. ...

Wie eine Insel ragt der Natternberg 65 Meter hoch aus der Donauebene. Seit der Jungsteinzeit lassen sich hier Siedlungsspuren nachweisen.

Die Rohrweihe fliegt niedrig über schilfbestandenen Altwassern, feuchten Wiesen und nahen Getreidefeldern.

In den Feuchtwiesen an der Donau brütet die Bekassine, sie lebt von Würmern und Insekten, die sie mit ihrem langen Schnabel aus dem weichen Boden holt.

Mit unverwandtem Auge sieht man hier hin auf den großen Halbmond, den diese Riesenberge um den Fluss umher bilden; es ist ein eigenes Gefühl, das den Freund der schönen Natur hier ergreift, wenn er mit dem Strome, der ihn auf seinem Rücken wiegt, in diese Zauberwelt hinrollt. Man würde hier Paläste und Feenschlösser übersehen, wenn sie an den Ufern ständen, viel weniger ein Kloster, wie Metten."

Metten ist eines der bedeutendsten Donauklöster, die im 8. Jahrhundert gegründet wurden, um dem Land nach dem Niedergang des Römischen Reiches wieder eine Ordnung zu geben, die Region geregelt zu nutzen und zu entwickeln, die Macht der neuen Herrschaft zu festigen und auszuweiten. Metten ist um das Jahr 766 entstanden, der selige Utto kam mit Benediktinermönchen von der Insel Reichenau im Bodensee hierher. Unter dem königlichen Schutz Karls des Großen wurden von Metten aus große Teile des Bayerischen Waldes der neuen Zivilisation angegliedert. Heute zeugen Kirche und Klostergebäude Mettens vom kräftigen Aufblühen klösterlicher Macht im 18. Jahrhundert, kurz vor dem Ende der politischen und wirtschaftlichen Bedeutung der Klöster in Bayern. Besonders

Der Gänsesäger, die größte Entenart Europas, lässt sich an der frei fließenden Donau noch häufig beobachten.

28

berühmt ist der spätbarocke Bibliothekssaal, der den wertvollen Büchern, Dokumenten des über Jahrhunderte während geistigen Lebens im Kloster, den würdigen Rahmen geben sollte. Die Bücher aus Metten werden seit der Säkularisation, 80 Jahre nach dem Bau der Bibliothek, in der Bayerischen Staatsbibliothek in München aufbewahrt.

Metten gegenüber, auf der anderen Seite der Donau, steht wie eine Insel im Meer der Natternberg in der Ebene. Er ist ein eindrucksvolles Zeugnis der Erdgeschichte, in der Gebirge wachsen und versinken. Die Alpen erheben sich aus dem Ur-Mittelmeer, das hohe Ur-Gebirge im Norden sinkt ab, Schlamm, Schluff, Sand und Kies füllen das Tal zwischen neuem und altem Gebirge. Der Gipfel eines mächtigen Vorberges des gesunkenen Massivs, das wir heute „Bayerischer Wald" nennen, ragt noch 65 Meter hoch aus der aufgeschütteten, vom Staub der Jahrmillionen überdeckten Fläche. Die Donau hat ihren Weg zwischen diesem Felsen und den ersten Anhöhen des Bayerischen Waldes gefunden. Schon die ersten Menschen, die in die Donauebene vor dem Bayerischen Wald eingewandert sind, haben den Natternberg als sicheren Platz gewählt. Siedlungsspuren lassen sich bis über 5000 Jahre vor unserer Zeitrechnung nachweisen. Die Römer nutzten den Natternberg als Beobachtungsposten. Im Mittelalter wurde auf dem Berg eine mächtige Burg errichtet,

die im Dreißigjährigen Krieg schwer beschädigt, im Österreichischen Erbfolgekrieg (1743) weitgehend zerstört wurde. Heute ist nur noch wenig der einst so großen und bedeutenden Burganlage zu sehen. Doch es lohnt sich, auf den Natternberg zu steigen, es ist heute noch so, wie in der 200 Jahre alten Reisebeschreibung ausgeführt: *„Von dem Gipfel dieses Felsenhügels genießt man eine der schönsten Aussichten in Niederbayern hinunter gen Osten bis nach Vilshofen und aufwärts über Straubing hin. Eine zahllose Menge von Dörfern liegt in der südlichen unermesslichen Ebene, wie Perlen zerstreut auf einem grünen Teppiche, und wie ein Silberband schlängelt die Isar sich herab durch die Auen, um kaum eine Stunde von dem Fuße dieses Berges sich mit der Donau zu verbinden. Im Norden, so weit das Auge reicht von Aufgang bis Niedergang, liegt die Bergkette des Waldes mit waldigen Gipfeln, mit ihren bunten bebauten Rücken, mit der Donau und allen*

Anders als in den Parks der Großstädte ist der Höckerschwan hier scheu, er brütet versteckt im Altwasser.

Ein Kuckuck hat sein Ei in das Nest des Teichrohrsängers gelegt, der das ausgebrütete Junge großzieht, als sei es sein eigener Nachwuchs.

In den Überflutungsflächen der Donau wachsen die Silberweiden zu stattlichen Bäumen; sie bieten vielen Tieren Lebensraum, besonders Insekten und Vögeln. Silberweidenauen, wie wir sie an der frei fließenden Donau in Niederbayern finden, sind an unseren Flüssen schon sehr selten geworden. Sie stehen unter besonderem Schutz der europäischen Flora-Fauna-Habitat-Richtlinie.

den Inseln und Krümmungen dieses majestätischen Flusses zu ihren Füßen."

Die Donau ist hier, wo die Stadt Deggendorf beginnt, durch lang gezogene Inseln in zwei Arme geteilt. Kaum sonst wo liegen pulsierende Stadt und sich selbst überlassene Natur so nah beieinander: Dichter Verkehr und geschäftiges Leben links der Donau und nur wenige hundert Meter mitten in der Donau geheimnisvoller Auwald mit seinen scheuen Bewohnern, die von den Stadtmenschen kaum wahrgenommen werden, und die sich um das Treiben der Stadt nicht kümmern. Am Rand einer dieser Inseln führen Mitarbeiter des Bundes Naturschutz ein Umweltbildungsprogramm durch. Kinder und Jugendliche werden hier in die Geheimnisse des Auwalds eingeweiht, sie lernen vom reichen Leben im Auwald und was die Auen für den Fluss und das umgebende Land bedeuten. Wer etwas weiß über Auen und Auwälder, wird sie nicht nur als nasses, unzugängliches und damit unbrauchbares Gestrüpp ansehen, sondern als höchst interessanten und wertvollen Teil der Natur und Landschaft, den es gilt zu schützen und zu bewahren.

Bei Deggendorf kommt die Donau dem Bayerischen Wald wieder sehr nahe, sie berührt die ersten Vorberge, die den Flusslauf weiter nach Südosten abweisen. Deggendorf ist seit uralten Zeiten das „Tor zum Bayerischen Wald". Hier war schon früh eine Brücke über die Donau, ein Übergang vom Gäuboden nach Böhmen. Deggendorf selbst war wohl einmal eine böhmische Siedlung, eine Deutung des Namens nennt als Ursprung das slawische Tecenjwez (Flussdorf). Die Donaubrücke von einst wurde vor 200 Jahren so beschrieben:

„Die Brücke, die 26 Joche hält, und die längste in Baiern ist, muss jährlich wegen des Eisganges abgenommen werden: sie ist daher nur leicht gebaut und schaukelt nicht wenig, wenn ein beladener Wagen darüber hinfährt, oder wenn man mit einem scheuen Pferde über sie hinreitet."

Heute verbinden in Deggendorf feste Brücken für Eisenbahn, Straße und Autobahn die beiden Donauufer. Unmittelbar am Deggendorfer Donauufer steht die „Deggendorfer Werft". Die Werft, ein Unternehmen der MAN Gruppe, baut schon einige Zeit keine Schiffe mehr, sondern Röhrenreaktoren und Anlagen für die chemische Industrie. Die Produkte der Deggendorfer Werft sind in der Regel zu groß für den Straßen- oder Bahntransport, sie werden per Schiff über die Donau und das Wasserstraßennetz zu ihren Bestimmungsorten gebracht. Da kann es schon einmal vorkommen, dass ein Teil zu groß ist für den Main-Donau-Kanal und dass ein Transport den Umweg donauabwärts zum Schwarzen Meer und über die Weltmeere nehmen muss, um in den Rhein zu gelangen.

Nur ein kurzes Stück stromabwärts hinter Deggendorf, gleich nach der großen Autobahnbrücke, mündet die Isar in die Donau.

„Wenn das Schiff von Deggendorf abgestoßen hat, und hintreibt in dem breiten Strome, so ist die Mündung der vielarmigen Isar, die aus einem Labyrinthe von Inseln und Auen hervortritt, das Erste, was dem Schiffenden an dem noch immer eintönigen rechten Donau-Ufer auffällt."

Fast so, wie vor 200 Jahren beschrieben, sieht die Isarmündung auch heute noch aus. Zwar ist der Hauptfluss mit Steinen an den Ufern in seinem Lauf fixiert, die frühere Vielarmigkeit ist auf einige kleine Nebenarme reduziert, aber noch immer ist das alte Mündungsdelta deutlich zu erkennen. Trotz der Eingriffe ist die Isarmündung eine der letzten naturnahen großen Flussmündungen in Deutschland. Auf ihren letzten Kilometern, von Plattling bis zur Donau, hat die Isar nur noch wenig Gefälle.

Der Ursprung Deggendorfs liegt an einem alten Donauübergang aus dem Gäuboden in den Bayerischen Wald, auf dem Weg von Bayern nach Böhmen. Noch heute versteht sich die Stadt als das Tor zum Bayerischen Wald.

Die Mündung der Isar in die Donau

Nach ihrem 295 Kilometer langen Lauf aus dem Karwendelgebirge in den Alpen mündet die Isar nahe Deggendorf in die Donau. 24 Staustufen, zum Schutz der Isarstädte vor Hochwasser und zur Stromgewinnung, zerstückeln den Fluss bis kurz vor seine Mündung. Auf den letzten neun Kilometern ihres Laufs fließt die Isar ohne künstliche Unterbrechung der Donau zu. Die Isar hat in der Donauebene nur noch wenig Gefälle, sie hat sich in der Vergangenheit mit jedem Frühjahrshochwasser weit ausgebreitet und so ein breites Mündungsdelta mit immer neuen Armen gebildet. Heute ist die Isar auch hier kein Wildfluss mehr, zum Schutz der Felder, Wege und Siedlungen wurde der Fluss in ein Bett fixiert, der Mündungsbereich wurde eingedeicht. Aber an keiner Mündung eines Alpenflusses in Deutschland ist so viel der ursprünglichen Überflutungsaue erhalten geblieben wie hier.

In den Auen um die Isarmündung gibt es Lebensräume für viele Tiere und Pflanzen, die im übrigen Land schon fast verschwunden sind. Mit ihren wiederkehrenden reißenden Hochwassern haben Isar und Donau das Land im Mündungsgebiet immer wieder verändert und damit in enger Nachbarschaft die unterschiedlichsten Verhältnisse geschaffen – wechselnde Flussarme, stille Altwasser, feuchte Senken und, wo sich auf angeschwemmten Kieshalden eine dünne Humusschicht bilden konnte, trockene Heiden.

Aber nicht nur die Vielfalt der Standorte bedingt die einmalige Artenvielfalt des Isarmündungsgebiets. Wo die beiden Flüsse zusammentreffen, begegnen sich die Pflanzenwelten zweier Regionen. Hier finden sich Arten aus südosteuropäischen Donauniederungen und Steppen ebenso wie Pflanzen aus den Alpen und dem Alpenvorland.

In den unwegsamen und meist unzugänglichen Auenbereichen zwischen Fluss und Hochwasserdeich fühlen sich viele störempfindliche Vogelarten sicher. Dazu gehört der gefährdete Schwarzmilan ebenso wie die vom Aussterben bedrohten Seidenreiher, Nachtreiher und Zwergrohrdommel. Seltene Amphibien, wie Kammmolche, Moor- und Springfrösche, und besondere Schneckenarten haben in den unterschiedlichen Feuchtlebensräumen ihre Heimat. Die einzigartige Pflanzenvielfalt des Isarmündungsgebiets ist Lebensgrundlage für eine überwältigende Vielzahl unterschiedlicher Insekten.

Unter Wissenschaftlern gilt das Mündungsgebiet der Isar mit seinen unterschiedlichen Bodenverhältnissen als „biogeographischer Knotenpunkt" und mit seiner überwältigenden Artenvielfalt als ein „biogenetisches Reservat". Zur Erhaltung dieses einmaligen Naturjuwels stehen über 800 Hektar des Isarmündungsgebiets heute unter Naturschutz. Als „schutzwürdiger Teil von Natur und Landschaft mit gesamtstaatlich repräsentativer Bedeutung" ist eine Fläche von über 1400 Hektar um die Isarmündung Gebiet eines Projekts des Bundesumweltministeriums zur langfristigen Sicherung seines Bestandes. Dabei sollen auch die Auswirkungen von Eingriffen im Oberlauf der Isar und im Umfeld des Mündungsgebiets auf die Auen minimiert werden. Ein Aufstau der Donau unterhalb der Isarmündung würde auch die Standortbedingungen und Lebensräume im Isarmündungsgebiet erheblich verändern, viele Pflanzen- und Tierarten würden das nicht überleben.

In der Donauebene hat sie ihren Lauf oft verändert, besonders bei Hochwasser aus den Alpen hat sie ihr Bett verlagert, sich in neue Arme aufgeteilt, Rinnen gegraben und den Kies, den sie in Jahrhunderten von den Alpen bis zur Donauebene geschafft hat, zu Hügeln zusammengeschoben. So hat sie ein großes Auengebiet geschaffen, mit einem Netz von Wasserläufen, stillen Altwassern und feuchten Wäldern, deren Boden im Frühling von einem Blütenmeer von Blausternen und Frühlingsknotenblumen überzogen ist. Auf einigen Kieshügeln hat sich eine dünne Humusschicht gebildet, es sind „Brennen" entstanden, Flächen, unter denen das Wasser schnell versickert, Trockenstandorte mit ganz eigenem Bewuchs. In den Auen der Isarmündung an der Donau finden sich feuchte und trockene Standorte in unmittelbarer Nachbarschaft, von der leuchtend gelben Wasser-Schwertlilie zur purpurroten Kartäusernelke ist es manchmal nur ein Schritt.

Die Vielfalt der Standorte, die unterschiedlichsten Wachstumsbedingungen auf engstem Raum lassen hier sowohl Pflanzen wachsen und blühen, die die Isar aus den Alpen mitgebracht hat, als

An einem Wintertag an der Isarmündung sind neben dem befestigten Fluss die alten Arme des Mündungsdeltas noch deutlich zu sehen.

auch Pflanzen, die entlang der Donau-Wanderachse aus der ungarischen Tiefebene hierher gekommen sind. Mit dem einmaligen Pflanzenreichtum ist das Gebiet um die Isarmündung auch Lebensraum für viele Tiere, die in weiten Teilen unseres durchkultivierten Landes ihre Heimat verloren haben. Vieles, was hier wächst und lebt, ist in der Roten Liste der bedrohten Tier- und Pflanzenarten erfasst. Weite Teile der Auen um die Isarmündung stehen deshalb heute unter Naturschutz.

Der Auensaum mit Altwassern und undurchdringlichem Auwald zieht sich fast bis auf die Höhe von Niederalteich. Obwohl der Ort auf der anderen Seite des Flusses liegt, gehören die Flächen an der Donau hier zu Niederalteich. Die Erklärung dafür findet sich in der historisch-topographischen Beschreibung des ehemaligen Schweinach- und Quinzigaus von Joseph Klämpfl aus dem Jahr 1855 im Kapitel „Pfarrei und ehemaliges Kloster Niederaltach":

„Niederaltach ... hieß ursprünglich Altaha, Altwasser von dem alten Flussbette der Donau, welche ihren Lauf vor der Gründung dieser Ortschaft mehr östlich genommen hatte, und bei dem jetzigen Markte Hengersberg vorbeifloss."

Weiter unten berichtet Klämpfl von einer frühen Umbaumaßnahme der Donau, die um 1343 in Angriff genommen worden sein soll:

„Die reißenden Fluten treiben unaufhaltsam gegen dieses Kloster und wühl-

Erst seit den 1990-er Jahren sind Silberreiher regelmäßige Wintergäste in den Auen der bayerischen Donau.

ten durch Felder und Wiesen. Auf des Kaiser Ludwig Befehl musste das Kloster die Donau abgraben und ihr ein neues Rinnsal bereiten, und alle umliegenden Ortschaften wurden aufgeboten, dabei zu scharwerken. Mit einem Aufwande von 1000 Pfund Regensburger Pfennigen wurde diese Arbeit in 10 Jahren vollendet und seitdem fließt die Donau nicht mehr bei Hengersberg vorbei, sondern zwischen Niederaltach und Thudorf hindurch."

Das Benediktinerkloster Niederaltaich wurde 731 auf einer von Donauarmen umschlungenen Insel gegründet. Zum Schutz vor Hochwasser haben die Mönche schon im Mittelalter begonnen, die Donau vom Kloster wegzuleiten. Altwasser links und rechts der Donau lassen frühere Flussschleifen noch erkennen.

Bei Mühlham, einem kleinen Dorf, das zur Stadt Osterhofen gehört, windet sich die Donau in ihrer letzten großen Schleife, die ihr der Mensch gelassen hat, durch die Ebene. Geradlinig denkende Wasserbauer sehen in diesem natürlichen Flusslauf eine Herausforderung zur weiteren Begradigung.

Szene aus dem Österreichischen Erbfolgekrieg (1741–1745) auf einem Votivbild in der Frauenkapelle in Osterhofen-Altenmarkt. Zu sehen ist das Stift Altenmarkt, im Hintergrund die Donau und der Bayerische Wald.

Das Kloster Niederaltaich wurde im Jahr 731 von dem Bayernherzog Odilo gegründet, die ersten Mönche kamen von der Insel Reichenau im Bodensee. Von hier aus wurde der Einflussbereich der bayerischen Herzöge, später der fränkischen Könige in den Bayer- und Böhmerwald und weit donauabwärts in die Ostmark ausgeweitet. Niederaltaich wurde zu einem der bedeutendsten Klöster im mittelalterlichen Altbayern. Nach wechselvoller Geschichte wurde das Kloster 1803 aufgehoben, ein großer Teil der Gebäude verfiel. Erst 1918 wurde das Kloster mit Mönchen aus Metten neu besiedelt und 1930 wieder Abtei. Heute widmet sich die Abtei Niederaltaich – im Gegensatz zum Ort Niederaltaich wird das Kloster mit „ai" geschrieben – besonders dem Austausch mit der Ostkirche; die Messe wird auch im byzantinischen Ritus gefeiert. Alljährlich zum Fest der Taufe Christi, dem ersten Sonntag nach dem 6. Januar, segnet der Abt von Niederaltaich nach einem Ritual der Ostkirche die Donau, den strömenden Fluss, als Zeichen gegen die Pläne einer Staustufenkanalisierung.

Kurz hinter Niederalteich und Thundorf fließ die Donau durch die letzte große Flussschleife, die in der Ebene erhalten geblieben ist. Über sechs Kilometer windet sich die Donau hier, um zwei Kilometer ihrem Ziel näher zu kommen. Sie umschlingt hier die wenigen Stromtalwiesen mit ihrer einzigartigen Vegetation, die mit der konsequenten Nutzung der Flächen für den Ackerbau fast überall verschwunden sind. Besonders selten gewordene Vögel wie der Wachtelkönig haben hier eine Chance zum Überleben. Am Scheitelpunkt der Donauschleife liegt der Ort Mühlham, der dieser Schleife den Namen gibt. Ein Gasthaus mit einem der schönsten Biergärten Niederbayerns liegt hier direkt am Hochufer der Donau. Der Plan, am Eingang der Mühlhamer Schleife eine Staustufe zu bauen, die Schleife selbst mit einem Schleusenkanal abzuschneiden, zeigt, wie naturfern und wie fantasielos Wasserstraßenexperten, wie gefühl- und rücksichtslos Bauprojektanten sein können.

Südlich der Mühlhamer Schleife, fast zwei Kilometer von der Donau abgesetzt am Rande einer niederen Terrasse über der Donauebene, liegt das Städtchen Osterhofen mit seinem Ortsteil Altenmarkt. Die Kirche des Klosters von Altenmarkt, einer Gründung des frühen 11. Jahrhunderts, die weit über die Donauebene zu sehen ist, ist eine der schönsten Barockkirchen Bayerns. Sie wurde im 18. Jahrhundert von Johann Michael Fischer und den Brüdern Asam gebaut, nachdem die mittelalterliche Klosterkirche abgebrannt war.

Kurz nach der Mühlhamer Schleife überspannt seit 1976 die Donau-Wald-Brücke den Fluss und einen breiten Auensaum. Die Brücke ist eine viel befahrene Verbindung Ostbayerns südlich der Donau, des Osterhofener Gäus, des Vils- und des Rotttals, mit der Autobahn Regensburg-Passau-Linz. Die eiligen Autofahrer nehmen kaum wahr, dass sie hier mehr als nur über eine Brücke fahren – sie überqueren die Donau mit all ihrer Bedeutung als

Auf dem Granitblock über dem Markt Winzer stand schon im frühen Mittelalter eine Burg. Nach wechselvoller Geschichte wurde sie am 1. November 1744 im Österreichischen Erbfolgekrieg zerstört.

Trenn- und Verbindungslinie, von frühester Geschichte bis heute.

Bevor die Brücke gebaut wurde, gab es zwischen Deggendorf und Vilshofen vier Fähren, die Menschen und Fahrzeuge über die Donau brachten. So alltäglich bis über die Mitte des vergangenen Jahrhunderts hinaus die Überfahrt mit der Fähre war, so tief hat sich der Vorgang des Übersetzens über den Fluss als ein Symbol für Grenzüberschreitungen jeder Art, auch für die vom Leben in den Tod, im Bewusstsein der Menschen festgesetzt. Viele Geschichten und Sagen ranken sich um Fähren, Fährleute und Überfahrende.

Links der Donau, an der ersten niederen Hangkante zum Bayerischen Wald, liegt der Markt Winzer unter der Ruine des Schlosses Winzer, das die Panduren

des Freiherrn von der Trenck im Österreichischen Erbfolgekrieg am 1. November 1744 in Schutt und Asche gelegt haben.

„Sind die Ruinen von Hoch-Winzer nicht schon allein eine Donau-Reise wert? Geben sie nicht in der Abendbeleuchtung ein Tableau, das des Pinsels unserer ersten Landschaftsmaler wert wäre? ... Die schönen Ruinen, die wir hier vor uns sehen, sind das Werk der Panduren, die das Schloss in Asche legten. Wer sollte glauben, dass die Panduren solche Tausendkünstler sind, und sich so sehr auf den erhabenen Stil in der Anlage von Ruinen verständen?“, schreibt der Reisebuch-Autor des 18./19. Jahrhunderts, der immer wieder zum Ausdruck bringt, wie tief er beeindruckt ist von der Donaulandschaft vor

Die Burg Hilgartsberg am Eingang des Donaudurchbruchs durch die Ausläufer des Bayerischen Waldes ist seit 1742 Ruine, nur die Schlosskapelle blieb erhalten.

dem Bayerischen Wald. Es sind aber nicht nur die beeindruckenden Landschaftsbilder, die diese Gegend so reich machen. Es ist die Vielfalt in der Natur, es ist der Fluss, es sind die Altwasser, die feuchten Wiesen in der Niederung, die Auwälder, die trockenen Rasen an Deichen und Abhängen, die Ackerraine und Wegränder, die Buchenwälder an den Steilhängen über der Donauebene.

Bei Winzer kommt die Donau dem Bayerischen Wald wieder sehr nahe.

Der Ort nutzt die schmale Terrasse zwischen Flussniederung und dem steilen Anstieg zu den Vorbergen des Bayerischen Waldes. Zwischen dem langgezogenen Markt Winzer und dem Donaustrom liegt ein großes Altwassersystem, der Winzerer Letten. Hier ist ein Paradies für Wasservögel, wo sie brüten oder auf ihrem Wanderflug zwischen Brut- und Überwinterungsplatz rasten. Für Vogelfreunde ist der Aussichtsturm am Naturschutzgebiet Winzerer Letten

zu jeder Jahreszeit einer der ergiebigsten Beobachtungspunkte in der Region.

Das Winzer gegenüberliegende Donauufer ist besonders flach, der große Flussbogen zwischen Osterhofen und Künzing umschließt eine tiefe, tellerebene, feuchte Fläche, die erst spät für die Landwirtschaft erschlossen wurde. Die Ebene ist von Gräben und Bächen durchzogen, kleine Wäldchen säumen Altwasserreste, die zerstreuten Anwesen liegen auf minimalen Erhebungen. Das noch vor kurzem sumpfige Land ist heute eine bedeutende Anbaufläche für Gemüse.

Künzing, der wohl älteste Ort der Region, liegt am Rand dieser feuchten Niederung. Der Ort steht auf der Stelle des römischen Kastells Quintanis.

„Kinzing oder Kinzen, die alte Castra quintana, die augusta Quintanorum Colonia oder Quintiona, der Römer auf einer kleinen Höhe, die aus der Ebene am rechten Donauufer sanft gegen Südosten emporsteigt. Die Römer standen noch hier, als sie bereits ein ganzes Jahrhundert schon von den Gegenden um Regensburg zurückgedrängt waren. ... Über der Erde findet man keine Spuren mehr von der römischen Stadt oder

Von der Ruine der Burg Hilgartsberg reicht der Blick über Pleinting hinweg weit in den Gäuboden.

von einem Castelle, aber unter der Erde stößt man zuweilen noch auf römisches Gemäuer, und gräbt auch zuweilen noch römische Münzen hier aus."

Systematische Grabungen und besonders die rege Bautätigkeit in den letzten Jahren hat vieles der 500-jährigen römischen Vergangenheit dieses Ortes ans Tageslicht gebracht. Darüber hinaus belegen Funde aus der Umgebung von Künzing, dass hier seit mindestens 7000 Jahren Menschen sesshaft sind. Künzings Archäologiemuseum dokumentiert mit eindrucksvollen Fundstücken aus dem Gemeindegebiet die Entwicklung der Region von der Jungsteinzeit bis ins frühe Mittelalter.

In weiten Bögen fließt die Donau durch die feuchte Niederung zwischen Künzing und dem Anstieg des Bayerischen Waldes auf das enge Tal zu, wo sich der Fluss durch Lücken und Risse in den Ausläufern des Bayer- und des Böhmerwaldes gefräst hat. Hofkirchen am linken Donauufer und Pleinting rechts der Donau markieren das Ende des Dungaus vor dem Donauengtal. Unmittelbar am Eingang des Engtals steht auf einem Felsen hoch über der Donau die Ruine der Burg Hilgartsberg.

An diesem, früher verkehrsstrategisch so bedeutenden Punkt, hat man Spuren sehr alter Befestigungsanlagen gefunden. Die Burg, die heute als Ruine zu sehen ist, wurde zu Beginn des 12. Jahrhunderts gebaut und über 600 Jahre später, im Österreichischen Erbfolgekrieg, am 11. November 1742, zerstört.

„Künzing und Hofkirchen an den beiden Donau-Ufern bilden den Vordergrund, der sich an Pleinting und Hilgartsberg gleichsam verdoppelt, zu dem lieblichen Tale, in welches jetzt die Donau südostwärts hinein sich windet. ... Die Ruinen von Hilgartsberg, und die Gruppen der Häuser von Pleinting bilden den Eingang zu diesem Tale."

Von der Ruine Hilgartsberg geht der Blick nach Nordwesten weit in die Ebene des Dungaus, im Südosten verschwindet die Donau zwischen den Bergen.

Der Graureiher hat sich einen Fisch aus dem Altwasser geholt, jetzt trocknet er sein Gefieder mit weit ausgebreiteten Schwingen. In unzugänglichen Auwald-inseln des Isarmündungsgebiets brüten die Graureiher in Kolonien hoch in den Bäumen.

Fluss und Auen

Leben im und am Strom

Beständig fließt die Donau, beständig in ständigem Wechsel. Einmal ist sie massiger Strom brauner Fluten, der die Stämme der Weiden umspült, dann wieder klare Strömung mit breiten Ufern und schimmerndem Kies am Grund.

Seit die Donau ihre Wassermassen nicht mehr weit in die Ebene verteilen kann, zieht das Hochwasser hinter den Deichen bedrohlich an Dörfern und Feldern vorbei, weit höher als das umgebende Land, das trocken bleibt, solange die Deiche halten und solange nicht das gefürchtete Jahrhunderthochwasser kommt.

Im späten Sommer zieht sich der Fluss in seine tiefe Rinne zurück. Stetig zieht das Wasser vorbei. Kleine Wellen, braungrünes Lichterspiel unter Sonne und Wolken, rastlose Eile und endlose Ruhe. Am ruhig strömendem Wasser liegen weiß leuchtende Kiesbänke, silbergrüne Weiden stehen dahinter, im Dunst der Ferne die blauen Konturen

In kalten Winternächten schlägt sich der Donaunebel als Raureif an den Weiden am Rand des Flusses und der Altwasser nieder.

des Bayerischen Waldes. Der sonnige Strand zwischen Weiden und Wasser füllt sich mit Leben. Kinder und Leute freuen sich an ihrer Donau, ruhen, baden und entdecken: Muschelschalen und Schneckenhäuser zwischen Kieselsteinen, Spuren von Füchsen, Mardern und Bibern im Sand, Federn und Fußabdrücke der Vögel. Auf Kies- und Sandbänken gehen die Samen auf, die das Hochwasser zurückgelassen hat, eilige Stauden wollen Samen produzieren, bevor sie das nächste Hochwasser fortspült.

Das strömende Wasser, das im Wechsel Auwälder, Wiesen und Kiesufer überspült und wieder frei gibt, schafft für Fische, Insekten, Krebse, Muscheln und Schnecken Lebensraum mit Nahrungsgrundlagen und Möglichkeiten zur Fortpflanzung.

Der Auwaldboden zeigt sich im Frühjahr einmal als weißes und blaues Blütenmeer von Frühlingsknotenblumen und Blausternen, dann wieder, wenn in den Bergen der Schnee schmilzt, wird er von braunen Fluten durchströmt. Das Hochwasser, das Bäume und Sträucher wegreißt, Flussufer verändert, Inseln im Fluss verschwinden lässt, Sand und Kies an anderen Stellen zu neuen Inseln aufwirft, zerstört Vorhan-

denes und schafft die Grundlagen für neues Leben. In dieser Dynamik werden immer wieder viele unterschiedliche Lebensräume gebildet – die Wissenschaft spricht von „Wandelbiotopen", die in den Auen „Biotop-Komplexe" oder „Mosaik-Biotope" bilden. Das bedeutet eine Vielzahl „ökologischer Nischen", damit einen beispiellosen Artenreichtum. Über 600 Pflanzenarten wachsen in den Auen. An die 5000 Tierarten – Säugetiere, Vögel, Reptilien, Amphibien, Insekten und Weichtiere – leben in den Auen.

Für die Menschen sind Auen unzugänglich und geheimnisvoll. Das unberechenbare Wasser hindert Ackerbau und Besiedelung. Aber mit zunehmender Siedlungsdichte hat man begonnen, Auen in trockenes Land umzuwandeln. Flüsse wurden begradigt, Dämme gebaut. Echte Auen, wie zwischen den Deichen an der Donau im Gäuboden, besonders um die Isarmündung, gibt es nur noch ganz wenige. Was hier auf engem Raum besteht, ist von unschätzbarem Wert für die Artenvielfalt weit über die Region hinaus. Naturfreunde und Wissenschaftler sprechen hier von einer „Arche Noah", in der sich Lebensformen und Arten über die Zeiten retten können.

48

Die Pflanzenwelt
an der Donau

Wechselnde Wasserläufe haben an der Donau viele unterschiedliche Bodenverhältnisse geschaffen, die als kleinräumiges Mosaik Standorte für viele Pflanzenarten mit den verschiedensten Ansprüchen bilden. In stillen Altwassern und Gräben, auf Schlammflächen, die das Wasser immer wieder frei gibt, in vermoorten Altlaufzügen, auf feuchte Stromtalwiesen und auf Halbtrockenrasen der „Brennen", in der Weichholzaue am Fluss und den Hartholzauen im Hinterland, findet sich eine einzigartige Pflanzenvielfalt. An die 100 gefährdete Pflanzenarten sind hier zu finden. Um die Isarmündung treffen Pflanzen aus den südosteuropäischen Steppen und Stromtälern mit Alpenpflanzen zusammen, die isarabwärts gewandert sind. Botaniker nennen das Gebiet wo die Isar in die Donau mündet einen „biogeografischen Knotenpunkt". Mit dem Ackerbau in der fruchtbaren Donauebene, mit der Nutzung der Feuchtwiesen und der Auwälder, später mit dem Bau der Hochwasserdeiche, haben die Menschen die Vegetation an der Donau stets beeinflusst. Zum Teil ist damit die Artenvielfalt größer geworden, teils

Die Auen an der Donau, besonders um die Isarmündung, sind von stillen Altwassern durchzogen.

Im Frühjahr bildet sich auf dem lichten Auwaldboden an der Isarmündung ein dichter Teppich leuchtend weißer Frühlingsknotenblumen. Im Frühsommer blühen in stillen Altwassern und feuchten Gräben das Pfeilkraut (links) und die seltene Schwanenblume.

49

Der zweiblättrige Blaustern lässt im Frühjahr den Auwaldboden an der Donau an manchen Stellen großflächig blauviolett erscheinen.

Die seltene Sumpfwolfsmilch, eine typische Stromtalpflanze, kann bis zu 1,5 Meter hoch werden.

Die Sumpfgladiole steht auf der Roten Liste der bedrohten Arten, weil extensiv genutzte Moorwiesen selten geworden sind. Hier hat sich eine andere bedrohte Art, eine Heidelibelle, auf der Sumpfgladiole niedergelassen.

sind auch neue Standorte entstanden,
wie zum Beispiel die trockenen, blu-
menreichen Böschungen der Hochwasserdeiche, einige Standorttypen sind
aber deutlich kleiner geworden. Die
noch bestehenden naturnahen Auwälder und -wiesen stehen heute zum
größten Teil unter Naturschutz, um die
Vielfalt der Pflanzenarten zu erhalten.

Die artenreichen Stromtalwiesen werden heute kaum mehr genutzt,
sie bleiben an der Donau in Niederbayern durch Naturschutzmaßnahmen
erhalten.

Auf „Brennen", mit dünner Erdschicht überzogene Kiesanschüttungen
der Isar in ihrem Mündungsgebiet, findet man das sehr seltene Brand-
knabenkraut, das die Isar aus den Alpen „mitgebracht" hat.

51

Im feuchten, lichten Auwald und auf zeitweise überschwemmten Wiesen blüht im Mai und Juni die Sibirische Schwertlilie.

Im Auwald um die Isarmündung finden sich immer wieder Bestände des sehr seltenen Frauenschuhs.

Das Federgras auf warmen, trockenen Wiesen ist entlang der Donau aus der Ungarischen Tiefebene eingewandert.

In den flachen Auenbereichen, die immer wieder, manchmal auch längere Zeit, unter Wasser stehen, sind die Silberweiden vor allen anderen Baumarten im Vorteil. Mit ihrem Wurzelwerk festigen sie den Boden und schützen vor Erosion bei Hochwasser. Die Ruten der Silberweiden wurden früher als Bindematerial und zum Körbeflechten genutzt. Alte Kopfweiden an der Donau zeugen von der früheren Nutzung.

53

Die Bewohner der Auen

Die Donauauen am ungestauten Flussabschnitt zwischen Straubing und Vilshofen sind mit ihren feuchten Wiesen, Gräben, Altwassern, Auwäldern und undurchdringlichen Weidengebüschen Zuflucht und Heimat für eine artenreiche Tierwelt. Vogelfreunde kennen das Gebiet als eines der reichhaltigsten Brutgebiete für etwa 145 Vogelarten. Vögel lassen sich mit etwas Geduld gut beobachten. Andere Tiere lassen sich nicht so leicht sehen – aber die Auen an der Donau und um die Isarmündung stecken voller Leben. Es sind die vielfältigen, unterschiedlich feuchten und nassen Bereiche, die Lebensraum für viele Tiere bilden, die im übrigen Land schon sehr selten geworden sind. Außer dem Laubfrosch leben hier in ummittelbarer Nachbarschaft alle fünf in Mitteleuropa vorkommenden echten Froscharten nebeneinander: Wasserfrosch, Seefrosch, Grasfrosch, Moorfrosch und der Springfrosch. Auch die seltene Wechselkröte hat hier neben der Kreuzkröte und der Knoblauchkröte noch ihr Auskommen.

Für Muscheln und Schnecken ist die Donau und ihre Auen ebenso wie für viele seltene Insekten – Käfer, Libellen, Schmetterlinge – eine „Arche Noah".

Die Spuren der Biber, dem mittlerweile bedeutendsten Säugetier in den Donauauen, sind immer wieder zu sehen. In Deutschland fast hundert Jahre ausgestorben, wurden um das Jahr 1966 skandinavische Biber in den Isar- und Donauauen ausgesetzt. Jahrelang haben die Biber kaum bemerkt im Auwald gelebt. Doch seit einiger Zeit, seit die Nachkommen der wieder Eingebürgerten nach und nach alle Gewässer, auch außerhalb der Auen, in Besitz genommen haben, kommt es immer wieder zu Konflikten mit Landwirten, die nicht ganz ohne Grund um ihre Wiesen, Feldfrüchte und Bäume fürchten. Im Auwald an der Donau leben die Biber aber unangefochten, sie helfen mit, die Auen ihrem natürlichen Zustand wieder nahe zu bringen.

Die Auen an der frei fließenden Donau sind ein Rückzugsgebiet für immer seltener werdende Lurche und Reptilien. Aus den Altwassern im Auwald klingt im April und Mai das vielstimmige Konzert der Wasserfrösche (linke Seite). Das Trillern der Wechselkröte (oben) klingt fast wie Vogelgesang. Das Moorfrosch-Männchen (Mitte) nimmt zur Paarungszeit eine tiefblaue Farbe an. Seine langen Hinterbeine befähigen den Springfrosch (unten) zu besonders weiten Sprüngen.

Nach einem erfolgreichen Wiedereinbürgerungsprogramm ist der Biber in den Donauauen heimisch. Fast überall kann man seine Spuren, sanduhrförmig angenagte Baumstämme oder gefällte Bäume, entdecken.

Der Insektenreichtum der Donauauen gibt auch den Fledermäusen, hier ein Graues Langohr, reichlich Nahrung. Den Tag verbringen die Fledermäuse im Schutz alter Weiden, am Abend kann man sie bei ihrer Jagd über dem Wasser beobachten.

Im dichten Ufergestrüpp am Altwasser fühlt sich auch die Ringelnatter wohl, hier hat sie alles, was sie zum Leben braucht.

In besonderer Schönheit zeigt sich der dichte Auwald am Altwasser im Herbst. Die üppige Vegetation zieht sich zurück, um im Frühjahr mit voller Kraft wiederzukommen. Die toten Bäume bedeuten Leben für viele Insekten, Nahrungsgrundlage für Vögel und Fledermäuse.

Dichtes Gehölz, von Wasserläufen durchzogen, macht die Auen für die Menschen
oft unzugänglich – ein Glück für die
scheuen Wildtiere, die sich hier sicher
fühlen. In einer alten Weide umsorgt ein
Schwarzmilan sein Junges.

Die Vogelwelt an der Donau

Es gibt kaum ein Gebiet im europäischen Binnenland, das für die Vogelwelt bedeutender ist, als die Donauregion des Gäubodens. Der große Fluss, fließende und stehende Gewässer, Auwälder, feuchte und offene Flächen bilden eine Landschaft, in der um die 145 verschiedene Vogelarten leben und sich fortpflanzen können. Fast zwei Drittel aller in Bayern heimischer Vogelarten finden im Bereich der frei fließenden Donau geeignete Lebensräume. 37 der Vogelarten, die hier noch ihr Auskommen haben, stehen auf der Roten Liste der gefährdeten Arten Bayerns, zwölf davon sind in Bayern vom Aussterben bedroht.

Über die sowohl in Arten als auch in Individuen reiche heimische Vogelwelt hinaus rasten hier viele Vögel, besonders Schwimm- und Watvogelarten, auf ihrem Zug zwischen Brutplätzen im Norden und Überwinterungsplätzen im Süden. Für die Schwimmvögel sind die großen Altwasserflächen und der reich strukturierte Fluss von Bedeutung.

Hoch in einer Eiche hat der Pirol, der ab Mai im Auwald oft zu hören, aber kaum zu sehen ist, sein Nest geflochten. Er füttert seine Jungen mit Insekten, hier mit einem großen Schillerfalter.

Artenliste erfasster, indikatorisch bedeutender Brutvogelarten (einschließlich Übersommerer)

Aus: Donauausbau Straubing–Vilshofen Raumordnungsverfahren Teil B, Bestandserfassung, Bestandsbewertung und Vorbelastungen im Ist-Zustand (Prof. Dr. Jörg Schaller)

Baumfalke (V)	Hohltaube (V)	Schwarzspecht (V)
Bekassine (1)	Kiebitz (2)	Sperber
Beutelmeise (3)	Klappergrasmücke (V)	Sperlingskauz (V)
Blaukehlchen (V)	Kleinspecht (V)	Tafelente
Braunkehlchen (2)	Knäckente (1)	Teichrohrsänger
Dohle (V)	Kornweihe (1)	Trauerschnäpper
Dorngrasmücke	Krickente (2)	Tüpfelsumpfhuhn (1)
Drosselrohrsänger (2)	Mäusebussard	Turmfalke
Eisvogel (V)	Mittelspecht (V)	Turteltaube (V)
Feldschwirl	Nachtigall	Uferschnepfe (1)
Flussregenpfeifer (3)	Nachtreiher (1)	Uferschwalbe (V)
Flussuferläufer (1)	Neuntöter	Wachtel (V)
Gänsesäger (2)	Pirol (V)	Wachtelkönig (1)
Gartenbaumläufer	Rebhuhn (3)	Waldbaumläufer
Gartenrotschwanz (3)	Reiherente	Waldkauz
Gebirgsstelze	Rohrammer	Waldohreule (V)
Gelbspötter	Rohrschwirl (3)	Waldschnepfe (V)
Grauammer (1)	Rohrweihe (3)	Wasserralle (2)
Graureiher (V)	Rotmilan (2)	Weidenmeise
Grauschnäpper	Rotschenkel (1)	Weißstorch (3)
Grauspecht (3)	Schafstelze (3)	Wendehals (3)
Großer Brachvogel (1)	Schilfrohrsänger (1)	Wespenbussard (3)
Grünspecht (V)	Schlagschwirl (3)	Wiesenweihe (1)
Habicht (3)	Schleiereule (2)	Zwergrohrdommel (1)
Halsbandschnäpper (V)	Schnatterente (3)	Zwergtaucher
Haubentaucher	Schwanzmeise	
Höckerschwan	Schwarzmilan (3)	

Gefährdung: 1 = vom Aussterben bedroht, 2 = stark gefährdet, 3 = gefährdet, V = Vorwarnliste

Watvögel sind vor allem auf Schlick-flächen angewiesen, wie sie bei Wasserstandsschwankungen im Bereich der Altwasser entstehen.

Zur Zeit des Vogelzugs können über 100 verschiedene Durchzügler, die nicht hier brüten, beobachtet werden. An manchen Tagen wurden über 10 000 rastende Vögel verschiedener Arten gezählt.

Der großen Bedeutung der niederbayerischen Donauregion für die Vogelwelt wird mit internationalen Übereinkommen zum Vogelschutz Rechnung getragen. Von der internationalen Vogelschutzorganisation Bird-Life International ist das Gebiet als „Important Bird Area" (IBA) erfasst. Die Donauauen entsprechen der Konvention von Ramsar, in der sich 1971 Staaten weltweit dazu verpflichtet haben, für die Vogelwelt international bedeutsame Feuchtgebiete zu schützen. Über 9 000 Hektar stehen nach der EU-Vogelschutzrichtlinie, über 6 000 Hektar nach der Fauna-Flora-Habitat-Richtlinie (FFH-Richtlinie) unter europäischem Schutz.

Auf einem Pfosten am Altwasser sitzt ein Nachtreiher auf der Lauer (oben). Tief im Schilf hat die Zwergdommel ihr Nest gebaut und bewacht ihre Jungen (unten). Das Gelege des Flussregenpfeifers ist im Uferkies der Donau kaum zu erkennen (rechte Seite).

Der Grünspecht sucht auf dem Boden nach Ameisen.

Offene Wiesen und Felder sind der Lebensraum des Kiebitz.

Der große Brachvogel brütet in den weiten Stromtalwiesen.

Die Uferschwalben bauen ihre Höhlen in sandigen Uferabbrüchen.

Die Haubentaucher lieben stille Gewässer mit dichtem Schilfufer.

Der Eisvogel sitzt auf der Lauer, im Sturzflug taucht er nach Beute.

Das Blaukehlchen bevorzugt die Landschaft mit feuchten Gräben, Schilf, Büschen und Bäumen. In den Isar-Donau-Auen gibt es den größten Blaukehlchenbestand Mitteleuropas.

Die Herbstregen lassen das Wasser im Auwald steigen.

Die Beutelmeise brütet in einem kunstvoll aus Gräsern und Weidensamen geflochtenen Nestbeutel, der an einem Weidenast über dem Wasser hängt.

Donaufische

In keinem anderen Fluss Europas leben so viele verschiedene Fische wie in der Donau. Über 70 Fischarten haben in diesem Fluss ihren Lebensraum. Künstliche Veränderungen im Strom haben die Lebensbedingungen für einige Fische verändert. Der Hausen, der mächtige Fisch des Schwarzen Meeres, der zum Laichen donauaufwärts schwimmt und der in früheren Jahren auch im Dungau immer wieder beobachtet wurde, kommt schon lange nicht mehr. Unüberwindliche Staustufen versperren ihm den Weg. Aber wo die Donau fast 70 Kilometer lang in ihrem Fluss nicht durch Staustufen unterbrochen ist, leben noch 54 verschiedene Fischarten: Fische, die im strömenden Wasser leben, Fische, die auf Kies laichen, Fische, die kilometerlange Wanderungen im Fluss unternehmen. 42 der Fischarten sind in der Donau ursprünglich heimisch, fünf dieser Fische, die Barscharten Zingel, Streber und Schrätzer, den Zobel und den Frauennerfling, gibt es nur in der Donau. Diese Fische sind, weil es in der mittleren Donau kaum mehr freie Fließstrecken wie hier im Gäuboden gibt, in ihrem Bestand besonders gefährdet und vom Aussterben bedroht.

Lange Zeit war die Fischerei ein bedeutender Erwerbszweig für die Menschen an der Donau. Es war genau geregelt, wer wo fischen darf, auf welchem Donauabschnitt und in welchen Altwassern. Das Fischereirecht war zumeist an ein Anwesen, im allgemeinen eine Landwirtschaft, gebunden. In nahezu allen Dörfern entlang der Donau gab es mindestens eine Familie, die für den Verkauf und den eigenen Bedarf die Fischerei ausübte. Gefischt wurde mit Netzen, dabei wurden verschiedene Techniken angewandt, je nachdem, ob man im Altwasser oder im Fluss, bei hohem oder niedrigem Wasserstand oder bei Eisgang fischte. Gefangen wurden alle Fische, die größer als zehn Zentimeter waren. Frische Donaufische waren sehr beliebt, nicht nur im Dungau; manche Fischer belieferten Händler weit über die Region hinaus.

Heute gibt es nur noch sehr wenige Berufsfischer an der Donau. Fische gibt es noch genug, besonders in der frei fließenden Donau mit ihren reichen Gewässerstrukturen. Die vielen Angler wissen das zu schätzen. Aber der Markt, der mit billigen Fischen aus der industriellen Hochseefischerei und aus großen Fischzuchten weitgehend gesättigt ist, hat die Donaufischerei unrentabel gemacht. Es ist zu hoffen, dass der wertvolle Fischlebensraum frei fließende Donau nicht einer technisierten Großschifffahrtsstraße geopfert wird, auch wenn die Menschen heute glauben, sie bräuchten die Donaufische als Lebensmittel nicht mehr.

Die Nase, früher ein sehr häufiger Fisch, liebt das strömende Wasser der frei fließenden Donau.

Der Fischreichtum der Donau war lange Zeit eine bedeutende Erwerbsgrundlage. Heute gibt es nur noch wenige Berufsfischer.

Fischarteninventar des Donausystems zwischen Straubing und Vilshofen

(Untersuchungszeitraum 1994/95, aktualisiert)
Aus: Donauausbau Straubing–Vilshofen Raumordnungsverfahren Teil B, Bestandserfassung,
Bestandsbewertung und Vorbelastungen im Ist-Zustand (Prof. Dr. Jörg Schaller/Dr. Kurt Seifert)

Heimische Flussfischarten:

Aitel, Döbel *Squalius cephalus (L.)**
Äsche *Thymallus thymallus (L.)**
Bach-/Seeforelle *Salmo trutta (L.)**
Barbe *Barbus barbus (L.)**
Barsch, Flussbarsch *Perca fluviatilis (L.)*
Bitterling *Rhodeus amarus (BLOCH)*
Brachse, Blei, Brassen *Abramis brama (L.)*
Elritze *Phoxinus phoxinus (L.)**
Frauennerfling *Rutilus virgo (HECKEL)**
Gründling *Gobio gobio* (L.)
Gründling, Weißflos- *Romanogobio vladykovi (FANG)**
Güster *Blicca björkna (L.)*
Hasel *Leuciscus leuciscus (L.)**
Hecht *Esox lucius (L.)*
Huchen *Hucho hucho (L.)**
Karausche *Carassius carassius (L.)*
Kaulbarsch *Gymnocephalus cernuus (L.)**
Kaulbarsch, Baloni- *Gymnocephalus baloni (HOL)**
Laube, Ukelei *Alburnus alburnus (L.)*
Mairenke *Alburnus mento (HECKEL)*
Moderlieschen *Leucaspius delineatus (HECKEL)*
Mühlkoppe, Groppe *Cottus gobio (L.)**
Nase *Chondrostoma nasus (L.)**
Nerfling, Aland *Leuciscus idus (L.)**
Rotauge *Rutilus rutilus (L.)*
Rotfeder *Scardinius erythrophtalmus (L.)*
Rutte, Quappe, *Lota lota (L)**
Schied, Rapfen *Leuciscus aspius (L.)**
Schlammpeitzger *Misgurnus fossilis (L.)*

Schleie *Tinca tinca (L.)*
Schmerle *Barbartula barbartula (L.)**
Schneider *Alburnoides bipunctatus (BLOCH)**
Schrätzer *Gymnocephalus schraetzer (L.)**
Streber *Zingel streber (SIEBOLD)**
Wels, Waller *Silurus glanis (L.)*
Wildkarpfen *Cyprinus carpio (L.)*
Zährte, Rußnase *Vimba vimba (L.)**
Zander *Sander lucioperca (L.)*
Ziege *Pelecus cultratus (L.)**
Zingel *Zingel zingel (L.)**
Zobel *Ballerus sapa (PALLAS)**
Zope *Ballerus ballarus (L.)**

Nicht heimische Flussfischarten:

Aal *Anguilla anguilla (L.)*
Bachsaibling *Salvelinus fontinalis (MITCHILL)*
Blaubandbärbling *Pseudorasbora parva*
Dreistachliger Stichling *Gasterosteus aculeatus (L.)*
Giebel *Carassius gibelio (L.)*
Grasfisch *Ctenopharyngodon idella (CUVIER & VAL)*
Kessler Grundel *Neogobius kessleri (GÜNTHER)*
Marmorierte Grundel *Proterorhinus marmoratus (PALLAS)*
Regenbogenforelle *Oncorhynchus mykiss (WALBAUM)*
Renke, Felchen, Marä- *Coregonus spec.*
Silberkarpfen *Hypophthalmichtys molitrix*
Sonnenbarsch *Lepomis gibbosus (L.)*

* strömungsliebende Arten

Die Donau mit ihren Altwassern ist ein Dorado für Sportfischer. Mancher hat schon einen riesigen Wels, der bis zu 2,5 Meter lang werden kann, aus der Donau gezogen.

Der Frauennerfling (links) liebt die starke Strömung der Donau, im etwas ruhigeren Wasser tummeln sich die Brachsen.

Die Rußnase oder Zährte ist einer der strömungsliebenden Donaufische.

Streber (Großbild) und Schrätzer (links unten) sind Barscharten, die es nur in der Donau gibt. Sie sind auf das strömende Wasser angewiesen.

Der Huchen (unten) laicht im flachen Wasser mit kiesigem Untergrund. Im Uferbereich der frei fließenden Donau findet er noch geeignete Laichplätze.

Die frei fließende Donau mit ihrer langen Strömungsstrecke, ihren flachen und kiesigen Uferzonen und ihren ruhigen Altwassern bietet Fischen mit unterschiedlichsten Ansprüchen geeignete Lebensräume.

Insektenwelt der Donauauen

Myriaden von Stechmücken plagen an warmen Sommertagen die Besucher der Donauauen, besonders dann, wenn kurz vorher Hochwasser war. Die Mücken, die sich so vielzählig als Plagegeister bemerkbar machen, damit die stillen Auenbereiche vor störenden Eindringlingen schützen, sind aber nur ein ganz kleiner Teil der faszinierenden Insektenwelt, die hier noch besteht. Unzählige Arten, die nur Spezialisten kennen und die nur mit lateinischen Namen zu benennen sind, darunter auch eine große Zahl seltenster und unerwarteter Insekten aus den Steppengebieten des Schwarzen Meeres, wurden hier gefunden. Über 150 Falterarten haben Fachleute in den Auen an der niederbayerischen Donau festgestellt. Der Große Schillerfalter mit seinen blau schillernden Flügeln ist ein besonders beeindruckender Vertreter der Auenschmetterlinge. Über zwanzig Libellenarten können auch Ungeschulte in kurzer Beobachtungszeit zählen. Besonders beeindruckend sind die blauen Prachtlibellen, die oft in großer Zahl über Gräben und Altwassern taumeln. Viele Käferarten finden im Wasser, im Boden und im Holz abgestorbener Bäume Lebensraum und Nahrung für ihre Entwicklung vom Larvenstadium zum fertigen Insekt. Viele der hier lebenden Insekten sind im übrigen Land nicht mehr zu finden, sie sind stark gefährdet oder gar vom Aussterben bedroht.

Die Blaupfeil-Heidelibelle (links), die Gebänderte Prachtlibelle (rechts) und die Prachtlibelle (unten) sind Vertreter der über 20 Libellenarten der Donauauen.

Weibliche und männliche Becher-Azur-jungfer bilden ein Paarungsrad.

Der Dickkopffalter liebt die warmen trockenen Wiesen auf den Brennen.

Die Raupen des Großen Schillerfalters leben auf Pappeln und Weiden.

75

Muscheln und Schnecken

Muscheln und Schnecken, allgemein Weichtiere oder wissenschaftliche Mollusken, sind in höchstem Maße auf ihre engere Umwelt angewiesen. Sie bewegen sich nur sehr langsam, in einem eng begrenztem Raum. Ihre Lebensbedingungen sind durch das Wasser, den Untergrund und die Pflanzen in ihrer Umgebung bestimmt. In und an der frei fließenden Donau im Gäuboden gibt es so viele unterschiedliche Wasser-Land-Situationen unterschiedlicher Wassertiefe und -strömung, mit unterschiedlichem Untergrund und unterschiedli-chem Bewuchs, dass sich hier eine fast atemberaubende Vielfalt von Muscheln und Schnecken entwickeln und halten konnte. 174 verschiedene Arten von Muscheln und Schnecken wurden gezählt, und es ist nicht sicher, ob schon alle hier lebenden Molluskenarten entdeckt sind. Weil die sensiblen Lebensräume der Weichtiere so selten geworden sind und immer wieder durch menschliches Einwirken gestört werden, sind viele der hier lebenden Arten gefährdet, stark gefährdet oder gar vom Aussterben bedroht.

Die berühmte Donau-Kahnschnecke (Theodoxus danubialis) und die Gebänderte Kahnschnecke (Theodoxus transversalis), die zu kunstvollen Schmuckketten verarbeitet in einem steinzeitlichen Grab gefunden wurden, lassen sich nur noch im Freiflussabschnitt der Donau zwischen Straubing und Vilshofen finden.

Die Schlammschnecke mit ihrem blauen Häuschen ist ein besonders hübscher Vertreter der 174 verschiedenen Molluskenarten der Donau und ihrer Auen.

Die Donau-Kahnschnecke (Theodoxus danubialis), die sich nur im Fluss zwischen Straubing und Vilshofen findet, ist ein Symbol für die frei fließende Donau.

76

Weichtierarten im Bereich der frei fließenden Donau der Roten Liste gefährdeter Tiere Bayerns (LfU 2003)

Vom Aussterben bedroht (Rote Liste Status 1):
Zierliche Tellerschnecke *(Anisus vorticulus)*
Fluss-Federkiemenschnecke *(Borysthenia naticina)*
Kleine Brunnenschnecke *(Bythiospeum acicula)*
Roßmässlers Posthörnchen *(Gyraulus rossmaessleri)*
Zweizähnige Laubschnecke *(Perforatella bidentata)*
Kugelige Erbsenmuschel *(Pisidium pseudosphaerium)*
Abgeplattete Teichmuschel *(Pseudanodonta complanata)*
Gebänderte Kahnschnecke *(Theodoxus transversalis)*
Gemeine Flussmuschel *(Unio crassus)*
Feingerippte Grasschnecke *(Vallonia enniensis)*
Sumpf-Federkiemenschnecke *(Valvata macrostoma)*
Donau-Flussdeckelschnecke *(Viviparus acerosus)*

Stark gefährdet (Rote Liste Status 2):
Moos-Blasenschnecke *(Aplexa hypnorum)*
Rötliche Bernsteinschnecke *(Oxyloma sarsii)*
Große Erbsenmuschel *(Pisidium amnicum)*
Behaarte Laubschnecke *(Pseudotrichia rubiginosa)*
Weitmündige Schlammschnecke *(Radix ampla)*
Glänzende Tellerschnecke *(Segmentina nitida)*
Raben-Sumpfschnecke *(Stagnicoia corvus)*
Gemeine Malermuschel *(Unio pictorum)*
Spitze Sumpfdeckelschnecke *(Viviparus contectus)*

Gefährdet (Rote Liste Status 3):
Gemeine Teichmuschel *(Anodonta anatina)*
Große Teichmuschel *(Anodonta cygnea)*
Rote Wegschnecke *(Arion rufus)*
Kleine Glattschnecke *(Cochiicopa lubriceiia)*
Heller Schnegel *(Deroceras rodnae)*
Dunkles Kegelchen *(Euconulus alderi)*
Große Laubschnecke *(Euomphaiia strigeiia)*
Zwergposthörnchen *(Gyrauius crista)*
Linsenförmige Tellerschnecke *(Hippeutis compfanatus)*
Fluss-Steinkleber *(Lithogfyphus naticoides)*
Weiße Streifenglanzschnecke *(Perpoiita petroneila)*
Falten-Erbsenmuschel *(Pisidium henslowanum)*
Eckige Erbsenmuschel *(Pisidium milium)*
Winzige Falten-Erbsenmuschel *(Pisidium moitessierianum)*
Dreieckige Erbsenmuschel *(Pisidium supinum)*
Moospüppchen *(Pupilia muscorum)*
Sumpf-Kugelmuschel *(Sphaerium nucieus)*
Fluss-Kugelmuschel *(Sphaerium rivicola)*
Schlanke Sumpfschnecke *(Stagnicoia turricula)*
Schmale Windelschnecke *(Vertigo angustior)*
Sumpf-Windelschnecke *(Vertigo anti vertigo)*
Linksgewundene Windelschnecke *(Vertigo pusilla)*
Weitgenabelte Kristallschnecke *(Vitrea contracta)*

Wenn die Donau Kiesbänke frei gibt, ist der Boden oft übersät mit Muschelschalen und Schneckenhäuschen.

77

Menschen an der Donau

Natur- und Kulturlandschaft

In den Jahrmillionen der Erdgeschichte, die Erdmassen wandern, Meere entstehen und verschwinden, Gebirge wachsen und versinken lassen, ist die Donau entstanden. Zwischen den jungen aufsteigenden Alpen im Süden und den alten absinkenden Gebirgen im Norden, hat sich die Senke mit allem gefüllt, was in den Bergen verwittert, vom Wasser abgetragen und vom Wind hergeweht wurde. Mit der Hebung der Westalpen hat sich das Land nach Osten geneigt, langsam suchte sich das Wasser, das hier aus den Bergen im Norden und Süden zusammenfließt, seinen Weg.

Die Eiszeit, die vor etwa 11 000 Jahren ihrem Ende zu ging, gab der Donaulandschaft den letzten Schliff. Die Gletscher der letzten Eiszeit reichten nicht bis in das Donautal, aber das Wasser der abschmelzenden Eismassen, die zeitweise die gesamte Ebene überfluteten, formten das Tal und den Flusslauf.

Der ruhig strömende Fluss in eindrucksvoller Landschaft ist ein beliebtes Ziel für Kanuwanderer.

Mit der Änderung des Klimas änderte sich auch die Vegetation – Gräser, Kräuter, Stauden, Büsche und Bäume, die die kalte Zeit im Süden überdauert haben, verwandelten die karge Tundra in eine grüne Landschaft.

Schon während der letzten Eiszeit lebten Menschen an der Donau vor dem Bayerischen Wald, wie bis zu 40 000 Jahre alte Funde belegen. Mit dem Ende der Eiszeit änderten sich auch die Lebensbedingungen der Menschen. Die zurückkehrende Pflanzenwelt bedeutete ein neues Nahrungsangebot und schon bald entwickelte sich ein sesshaftes Bauerntum, eine Kultur im Dialog mit der Natur. Aber auch die Natur der Donaulandschaft hat sich seit dem Ende der Eiszeit immer unter dem Einfluss menschlicher Kultur entwickelt.

Ungeachtet der wechselvollen Menschheitsgeschichte der vergangenen 10 000 Jahre – Alt- und Jungsteinzeit, keltisches Jahrtausend, römische Jahrhunderte, Völkerwanderungszeit und baierische Stammesbildung, germanische Christianisierung, mittelalterliche Gebietsaufteilungen und neuzeitliche Grenzziehungen –, ist das Land an der Donau vor dem Bayerischen Wald geprägt durch eine ungebrochene Kontinuität der Kultur. Eindrucksvolle Zeugen der Vergangenheit und gegenwärtiges Leben machen gerade diese Region zu einem besonders wertvollen, auf der Welt einzigartigen Erbe der Natur und Kultur.

Der fruchtbare Gäuboden war der Grund, dass die Menschen hier schon zu Urzeiten, früher als anderswo, sesshaft wurden und als Bauern lebten. Spuren bäuerlicher Siedlungen lassen sich zum 7. Jahrtausend vor unserer Zeitrechnung nachweisen. Lange Zeit war der Gäuboden die „Kornkammer Bayerns", die reichen Gäubodenbauern waren ein Begriff. Noch heute sind die fruchtbaren Lössböden Grundlage für die intensive Landwirtschaft der Donauregion. Wenn auch heute große Felder mit Mais oder Zuckerrüben das Bild der Agrarlandschaft im Gäuboden prägen, bleibt das Land an der Donau in Niederbayern eines der größten Anbaugebiete für Getreide und Gemüse in Bayern und Deutschland.

In der fruchtbaren Donauniederung bei Osterhofen wird großflächig
Gemüse angebaut. Besonders Gurken und Zwiebeln, aber auch Salate
und Kraut gehen von hier aus ins ganze Land.

Lange Zeit wurde überall an der Donau in der Oberpfalz und in Niederbayern Wein angebaut. In einigen Orten – Winzer bei Regensburg, Bach und Kruckenberg – wird diese Tradition fortgesetzt. Das Bild zeigt die alte Weinpresse im Bayerwein-Museum in Bach an der Donau.

Siedlungen und Städte entlang der Donau vor dem Bayerischen Wald sind meist so alt, dass es sich oft nicht mehr sagen lässt, seit wann sie bestehen. Die Geschichte einzelner Orte, zum Beispiel der Städte Regensburg, Straubing und Passau, aber auch vieler kleinerer Orte, lässt sich in römische und keltische Zeit zurückverfolgen. Sicher sind viele noch heute bestehende Siedlungen schon viel früher entstanden. An manchen Orten sind noch die Reste vorgeschichtlicher Wallanlagen, Spuren frü-

her Befestigung, zu erkennen. Die rege Bautätigkeit der letzten Jahre hat eine Vielzahl vorgeschichtlicher Funde in Städten und Dörfern entlang der Donau zu Tage gefördert.

Lange Zeit war das Land an der Donau in Bayern mit seinen Klöstern, Städten und Burgen ein bedeutendes kulturelles und politisches Zentrum Europas. Diese Bedeutung hat die Region im Laufe der Zeit an andere Gebiete abgegeben. Trotzdem ist die Donauregion ein lebendiges Land mit vitalen

Städten, Märkten und Dörfern, in denen neben eindrucksvollen Zeugnissen einer langen Geschichte moderne Wohn- und Zweckbauten entstanden sind. Trotz des erheblichen Bevölkerungswachstums der vergangenen Jahrzehnte, trotz der Ansiedlung einiger Industriebetriebe, ist die bayerische Donauregion ländlich geblieben. Nicht Städte und Fabriken, sondern weites Bauernland, der große Fluss und seine Auwälder vor der Kulisse des Bayerischen Waldes bestimmen das Bild.

Die Altwasser steigen und sinken mit dem Wasserstand in der Donau. Sie sind für die Menschen meist unzugänglich, unerreichbar, geheimnisvoll – aber sie stecken voller Leben.

Schifffahrt auf der Donau

Sagt an der Schiffleut Namen,
nennt Länder mir und Städt.
Wo sie die Ladung nahmen,
wohin die Reise geht.

Tiaf drunten in der Walachei
von Belgerad und Pest;
sie fahrn von Wean auf Passau her,
da san die Madl 's best'.

Nach Regensburg sie fahren,
dort geht der Strudl hart,
da denkens an das Mägdelein,
das auf den Schiffmann wart'.

Von Anbeginn war die Donau für die Menschen eine Verkehrsader. In der Steinzeit sind entlang der Donau Menschen aus dem Schwarzmeerraum nach Niederbayern eingewandert, über Jahrhunderte sind sie mit ihrer alten Heimat in Verbindung geblieben. Flöße und Einbäume waren die ersten Fahrzeuge auf der Donau, später transportieren aus Brettern gezimmerte Schiffe Reisende und Fracht donauabwärts. Gegen den Strom mussten Frachtschiffe gezogen werden, von Menschen oder von Zugtieren, meist Pferden oder Ochsen. Der größte Teil der stromabwärts gekommenen Schiffe trat die mühsame Rückreise nicht mehr an, die Schiffe wurden auseinandergenommen, das Holz als Bau- oder Brennholz verkauft. Die Schiffsleute gingen zu Fuß den Fluss entlang zurück in ihre Heimat.

Viele Sagen und Geschichten ranken sich um die Schifffahrt auf der Donau, nicht selten spielen diese Geschichten gerade in dem Abschnitt von Regensburg bis Passau, wo sich die Donau ihrer Bestimmung im Südosten zuwendet, auf der einen Seite die weite Ebene des Gäubodens, auf der anderen die Berge des Bayerischen Waldes. So wird von dem Zug der Nibelungen berichtet, von Missionaren und Heiligen, und von Kreuzrittern, denen die Donau Weg ins ferne Heilige Land war. Viele Sagen beschäftigen sich aber auch mit den Schiffsleuten, die über Jahrhunderte die gefährlichen Transporte stromabwärts gelenkt und mühsam ihre Frachten stromaufwärts gezogen haben. Dabei soll sich immer wieder der Teufel unter die Knechte gemischt haben, wie zum Beispiel in der Sage vom schwarzen Wasserreiter oder vom „Ha-u-na-uen".

Der schwarze Wasserreiter

Als auf der Donau noch die Salzschiffe von den Hohenauern gegen Regensburg gezogen wurden, waren unter diesen „Wasserreitern" oft wüste Gesellen, die fluchten und lästerten, dass einem Gott erbarmen konnte.

Hin und wieder kam es dann vor, dass plötzlich ein Pferd mehr den Schiffszug mitzog und ein fremder Geselle mitritt, den vorher niemand gesehen hatte. Der finstere Kerl fluchte mit den Salzknechten um die Wette und schrie und lärmte, dass man es weit nach Pfatter hinein hören konnte. Erst wenn im Dorf einige Leute zu beten anfingen oder der „Engel des Herrn" geläutet wurde, verschwand der Überzählige.

„Ha-u-na-uen"

In früheren Zeiten wurden aus Österreich und Ungarn mittels großer, schwerfälliger Plätten, denen 8, 10 und mehr Pferde vorgespannt waren, allerlei Handelsartikel, wie Getreide, Wein, Geflügel, Eisen, Salz, Öl, auf der Donau bis Regensburg gezogen. Wenn die Pferdeknechte ihre Gäule aneiferten, hieben sie mit ihren langen Peitschen auf sie ein und schrien dabei aus vollem Halse: „Ha-u-na-u! Ha-u-na-u!", was stets einen Heidenlärm abgab, besonders aber nachts ganz schauerlich klang.

Seit es hier Menschen gibt, ist die Donau auch ein Verkehrsweg.
Hier begegnen sich zwei moderne Frachtschiffe vor dem Bogenberg.

Ein beladenes Frachtschiff fährt stromaufwärts Richtung Straubing.

*In den heiligen Zeiten, wie Advent,
Weihnachten, Hl. Dreikönig, soll nun
auch der Teufel oft, sobald es dunkel
geworden war, die Donau heraufgekom-
men sein und dabei das Geschrei der
Schiffspferdeknechte, das „Ha-u-na-
uen", wie es die Leute nannten, nachge-
ahmt haben. Oberhalb Heining, gegenüber dem „hohen Stein", war ein Kreuz
aufgestellt. Da ging gewöhnlich die
Fahrt zu Ende, denn hier konnte der
Teufel nicht vorüber.*

*In solchen Spuknächten sollen nun
sämtliche Hunde und Katzen der Höfe
und Dörfer, an denen die Teufelsfahrt
vorüberging, von ihren Häusern fortge-
laufen und mit dem Teufel gezogen
sein. Am anderen Morgen kamen sie
dann nach der Erzählung alter Leute
müde und schweißtriefend heim.*

*Bischof Heinrich von Passau soll dem
Treiben des Teufels ein Ende gemacht
haben.*

Ab dem 19. Jahrhundert hat sich
die Schifffahrt auf der Donau einschnei-
dend verändert. Motorgetriebene
Schiffe, von 1835 an mit Dampfma-
schinen, später mit Dieselmotoren, fahren seitdem mit Fracht und Passagieren
die Donau auf und ab. Die geänderte
Schifffahrt hat auch den Fluss verändert. Die Wege, von denen aus Schiffe
stromauf gezogen wurden, sind verschwunden. Stattdessen wurden Buhnen und Leitwerke in den Fluss gebaut,
Steinwälle quer und längs zur Flussrichtung, die das Wasser in eine Fahrrinne leiten, die auch zu Niedrigwasser-

zeiten tief genug für immer größer
werdende Schiffe sein soll. Für die
Schiffe, die von Menschen, Pferden
oder Ochsen gezogen wurden, war
immer genug Wasser in der Donau.
Aber große Motoren können große
Schiffe treiben, größere, als sie die
natürlichen Flüsse tragen können. So
sind die Menschen darangegangen,
Flüsse für die Großschifffahrt in Wasserstraßen umzubauen. Viele Flüsse in
Europa haben damit ihr Gesicht verloren. Veränderte Fließgeschwindigkeit,
fehlende Wasserstandsschwankungen
und befestigte Ufer haben die Lebens-

bedingungen für Pflanzen und Tiere an den Flüssen grundsätzlich verändert, die Lebensvielfalt der Auen ist in weiten Teilen verschwunden. Ausgebaute und gestaute Flüsse bringen Großschifffahrtsunternehmern mehr Profit, aber die Menschen haben an diesen Flüssen keine Freude mehr.

Von Straubing bis Vilshofen fließt die Donau noch frei, die Schifffahrt muss sich in Trockenzeiten mit dem Wasser begnügen, das Buhnen und Leitwerke in die Fahrrinne drängen. Schwere Lastschiffe können dann nicht immer voll beladen werden, aber die Fahrgäste auf den vielen Personenschiffen, Linienschiffe, Ausflugsschiffe und Kreuzfahrtschiffe, genießen die einmalige Landschaft am freien Fluss, das erhebende Erlebnis nach eintöniger Fahrt über Ketten von Stauseen mit einförmigen Kanalufern.

Das beliebte Fahrgastschiff „Agnes Bernauer" der Firma Donauschifffahrt Gebrüder Wurm + Co. befährt im Linienverkehr den schönsten Abschnitt der bayerischen Donau zwischen Deggendorf und Vilshofen.

Deggendorf, wie es zu Beginn des 16. Jahrhunderts von der Donau aus zu sehen war. Stich eines unbekannten Meisters nach Merian.

Wie Fremdkörper in der Landschaft wirken die Kräne
zum Be- und Entladen der Binnenschiffe im Hafen von
Straubing. Viel zu tun haben sie nicht, der meiste
Verkehr des Gewerbegebiets um den Straubinger Hafen
wird auf dem Landweg abgewickelt.

Mit Baggerschiffen wird die Schifffahrtsrinne in der Donau gepflegt. Durch die Strömung entstandene Kiesanhäufungen auf der Flusssohle werden abgetragen und in ausgespülte Vertiefungen eingebracht. Die wenigen Frachtschiffe, die hier fahren, transportieren Massengüter, die es nicht eilig haben, über weite Strecken.

Freizeit und Erholung

Während die Donau und ihre Auen in Niederbayern lange Zeit in erster Linie ein Geheimtipp für Naturforscher – Ornithologen (Vogelkundler), Malakozoologen (Mollusken- oder Weichtierkundler), Entomologen (Insektenkundler) – war, so entdecken heute mehr und mehr Menschen diese Region als ihr Freizeit- und Erholungsgebiet. Überall an der Donau, ganz besonders dort, wo sie noch frei fließt, kann man beobachten, wie sich Einheimische und Gäste aus der näheren und ferneren Umgebung das Donauland zu „ihrem" machen. Der Freizeitdruck auf die weitläufige Landschaft ist bei Weitem noch nicht so groß, dass er zur Belastung der Natur würde. Vielmehr lässt sich erwarten, dass das wachsende Interesse an der Landschaft und ihrer Natur dazu beiträgt, weitere Verluste zu verhindern. Nicht selten werden begeisterte Naturnutzer zu überzeugten Naturschützern.

Bei Niederalteich bringt die Fähre Radfahrer von einem Donauufer zum anderen. Der Donauradweg, der hier auf beiden Seiten der Donau verläuft, ist einer der beliebtesten Radwanderwege in Deutschland.

Der Grund, dass sich heute immer mehr Menschen in ihrer Freizeit in der Natur bewegen, liegt wohl darin, dass nur noch wenige ihre Lebensgrundlagen auf dem Land und in der Landwirtschaft erarbeiten. Die Beziehung zur Natur ist heute meist nicht mehr durch mühsame Arbeit bestimmt, Natur wird zum Erholungs- und Erlebnisraum, in dem körperliche und seelische Kraft für den meist naturfernen Arbeitsalltag geschöpft wird. Dass immer mehr Menschen in ihrer Freizeit an die Donau kommen, liegt wohl auch an der Mobilität der heutigen Gesellschaft. Für Viele aus den Ballungsgebieten – hier München und Nürnberg – ist es leicht, landschaftlich attraktive Regionen mit unterschiedlichen Möglichkeiten zur Betätigung in der Natur auch kurzfristig aufzusuchen.

Es gibt kaum eine Region wie die der Donau vor den Südhängen des Bayerischen Waldes, die in so hohem Maße landschaftliche Attraktivität und Vielfältigkeit der Freizeitmöglichkeiten verbindet. Jede Jahreszeit hat hier ihren besonderen Reiz.

Im Winter, wenn der Bayerische Wald verschneit und vereist ist und die Donau durch graubraune Auwälder und grüngraues Bauernland fließt, kommen Zehntausende Wat- und Wasservögel aus dem Norden und Osten Europas

hierher, um am freien Fluss die kälteste Jahreszeit zu überstehen. Interessierte Naturbeobachter, die jetzt den Hochwasserdeichen entlang und auf Feldwegen an der Donau wandern, können immer wieder fast nie gesehene Arten beobachten.

Im Frühjahr wird die Vogelbeobachtung besonders aufregend, wenn Zugvögel in großen Scharen auf den Wiesen an der Donau rasten. Die Reiter, die zu jeder Jahreszeit die Felder hinter den Deichen durchstreifen, kommen den großen Trupps von Störchen oder Schwärmen unzähliger Kiebitze besonders nahe, der Fluchtabstand der Vögel ist zu den Pferden deutlich kleiner als

zu Menschen. Wanderer zieht es im Frühjahr in die Auwälder, wenn Frühlingsknotenblumen und Blausterne riesige weiße und blaue Teppiche auf dem sonnigen Boden unter blattlosen Bäumen bilden.

Sobald es etwas wärmer wird im Jahr, sind auch die Radfahrer wieder unterwegs. Die ebene Flusslandschaft ist ideal für kleine und große Radausflüge, für jedes Alter und für jede Kondition. Der Donauradweg, der in den letzten Jahren auch in Bayern immer besser ausgebaut wurde, ist weltweit bekannt. Tausende Radwanderer kommen alljährlich auf ihrer großen Tour donauabwärts durch den Dungau und

Für Kinder gibt es im Informationszentrum Isarmündung viele Möglichkeiten, etwas über die Natur zu lernen.

Im Sommer gibt die Donau saubere Kiesbänke am Ufer frei, welche die Radwanderer zur Rast einladen.

lassen sich von der Landschaft und von Kulturdenkmälern am Wege, wie Oberalteich, die Wallfahrtskirche am Bogenberg, Metten, Niederalteich, beeindrucken. Aber neben diesem Fernradweg gibt es unzählige stille Nebenstraßen, Feld- und Forstwege, die sich für Familienausflüge oder Entdeckungsreisen per Rad eignen. Immer wieder ergeben sich für die Radwanderer eindrucksvolle Einblicke in die geheimnisvolle Auenlandschaft, immer wieder gibt es Zeugnisse der Vergangenheit, kleine und große Kunstschätze am Wege zu bestaunen, immer wieder lädt ein freundlicher Gasthof oder schattiger Biergarten zum Rasten ein.

An heißen Sommertagen zieht es die Menschen auf und an das Wasser. Sportliche Ruderer trotzen mit starken

Auf Feld- und Wirtschaftswegen zwischen Auen und Ackerland lässt sich die Donaulandschaft auf besondere Weise erfahren.

Vogelfreunde schätzen das Auengebiet an der Donau um die Isarmündung, in dem immer wieder aufregende Beobachtungen möglich sind.

Schlägen der Strömung, Genießer lassen sich mit Kanus, Faltbooten oder Schlauchbooten mit der Strömung treiben. Die Fahrt auf einem Fahrgastschiff zeigt diese einmalige Flusslandschaft aus einer anderen und eindrucksvollen Perspektive.

In der Donau zu schwimmen, ist ein ganz besonderes Erlebnis. Wo die Donau frei fließt, ist das Wasser so sauber, dass man bedenkenlos baden kann. Die Strömung zieht die Schwimmer rasch stromabwärts, wer den Kopf unter die Wasseroberfläche hält, hört das Mahlen der Kieselsteine am Grund. Auf weißen Kiesbänken am Ufer lassen sich die Badenden von der Sonne trocknen. Bis spät in den Abend sind die Kiesbänke bevölkert, ruhen die Erwachsenen und spielen die Kinder, und manche entzünden ein kleines Lagerfeuer aus Treibholz.

Im Herbst wird es wieder stiller am Fluss. Es ist wieder die Zeit der Naturbeobachter, der Wanderer und besonders der Naturfotografen, die sich den einzigartigen Stimmungen hingeben, die Nebel und Sonne in die bunten Auen zaubern.

Wo die Donau frei fließt, ist das Wasser so sauber, dass es zum erfrischenden Bad einlädt. An heißen Sommertagen genießen viele „ihre" Donau – am, im oder auf dem Fluss.

Der Frost hat den Wasserspiegel sinken lassen, stille Gewässer sind zugefroren. Die Wasservögel sind auf die frei fließende Donau ausgewichen. Wo die Autobahn A3 bei Metten die Donau überquert, liegen hektischer Verkehr und Stille der Natur ganz nah beieinander.

Lebensraum Donau
bedroht durch Staustufenpläne

Schon früh haben die Menschen die Flüsse genützt und für sich nutzbar gemacht. Den Flussläufen entlang sind die Menschen in neue Lebensräume vorgedrungen, Flüsse waren die wichtigsten Verkehrswege. Bald wurde auch die Kraft der Strömung genutzt, um Maschinen anzutreiben, Mühlen, Hammerwerke, die Vorläufer der Industrie. Mit der fortschreitenden Entwicklung der Menschheit, mit der Zunahme ihrer Zahl und ihrer Fähigkeiten, und ganz besonders mit der rasanten Technisierung seit Beginn des 19. Jahrhunderts, wurden Flüsse immer mehr wirtschaftlichen und kommerziellen Zielen angepasst. Die größeren Flüsse wurden begradigt, vertieft und gestaut, sie wurden „kanalisiert", um sie mit immer größeren, maschinengetriebenen Schiffen befahren zu können. Mit Beginn des 20. Jahrhunderts wurden in fast allen Flüssen Stauwehre gebaut, sie wurden abgeschnitten, um elektrische Energie zu gewinnen. Auch der Donau und ihren Zuflüssen aus den Alpen

Die Staustufe bei Straubing – wo der Mensch die Kraft der Donau nutzt, ist für die Natur kein Raum.

blieb dieses Schicksal auf langen Strecken nicht erspart. Eine Vielzahl von Wasserkraftwerken verwandelt fast die gesamte obere Donau bis Regensburg und ihre Zuflüsse Iller, Lech, Isar und Inn in Ketten von Stauseen.

Die Auswirkungen der Staustufen auf Fluss und Umgebung sind meist verheerend. Im Fluss gehen die Lebensräume der Fische, die in ihren Wanderungen der Strömung im Fluss folgen, verloren. Allen Lebensformen, die sich im strömenden Wasser entwickelt haben, wird die Grundlage entzogen. Der jahreszeitliche Wechsel von Hoch- und Niedrigwasser, der Landschaft und Leben in Flusstälern und Auen Jahrtausende bestimmt hat, ist weitgehend aufgehoben. Die Stauhaltungen lassen echtes Niedrigwasser nicht zu, mittlere Hochwasser werden in Stauseen und zwischen Dämmen eingefangen. Die seltenen großen Hochwasser aber wirken sich schlimmer aus als je zuvor, weil die Wassermassen zwischen den Dämmen nicht genügend Platz haben und die weiten Auen, die auch große Wassermengen wie ein Schwamm aufsaugen können, mit der Stauregulierung der Flüsse fast überall verloren gegangen sind. Mit der steten Dynamik im Fluss geht auch die Dyna-

mik im Grundwasser verloren. Das Steigen und Sinken des Grundwasserspiegels, das für die Vegetation auf der Oberfläche und die Wasserqualität im Untergrund wesentlich ist, wird auf ein Minimum reduziert. Die Probleme, die durch den „Ausbau" der Flüsse bewirkt wurden, werden in einer enger werdenden Welt immer deutlicher. Zunehmender Verlust der Artenvielfalt und damit Gefährdung des ökologischen Gleichgewichts und zunehmende Schwierigkeiten, ausreichend Trinkwasser zu gewinnen, sind nur die augenfälligsten Probleme. In der Europäischen Union will man den Problemen mit der „Wasser-Rahmenrichtline" Rechnung tragen. Diese Richtlinie schreibt vor, den guten ökologischen und chemischen Zustand der Gewässer zu erhalten oder wieder herzustellen. An immer mehr Flüssen, wo immer es die Nutzung der Uferbereiche zulässt, geht man mit hohem Aufwand daran, frühere Verbauungen zu entfernen, die Flüsse zu „renaturieren".

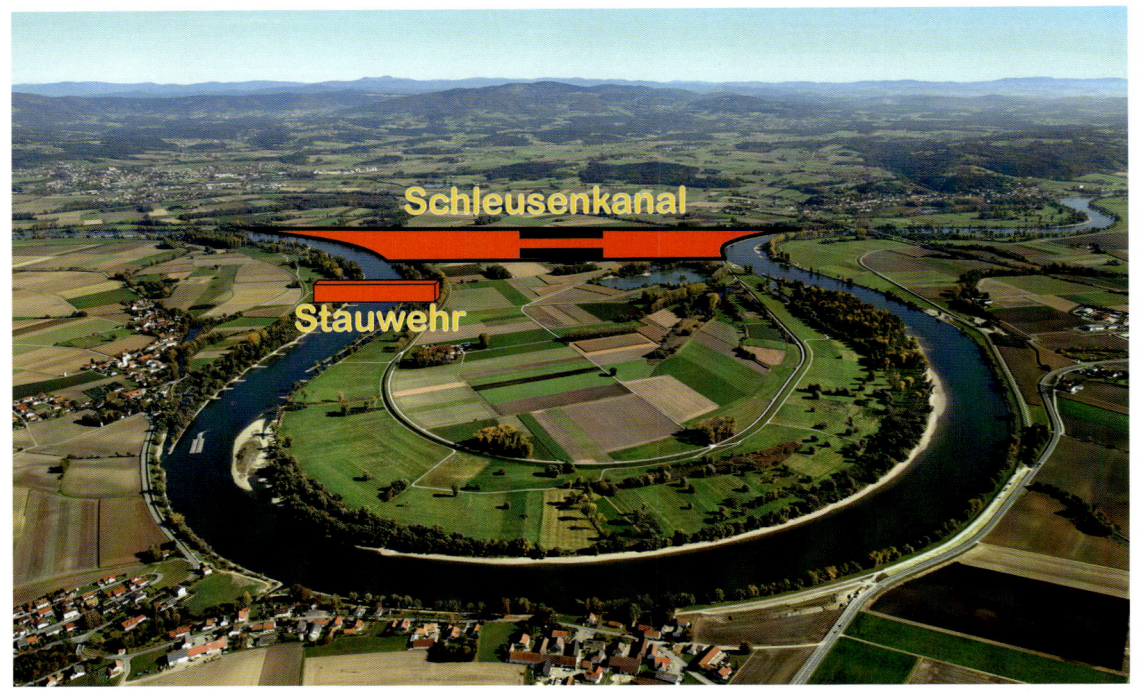

Schleusenkanal

Stauwehr

Wenn es nach den Plänen der Rhein-Main-Donau Wasserstraßen GmbH geht, wird die Mühlhamer Schleife durch einen Schleusenkanal abgeschnitten, ein Stauwehr drängt das Wasser in den Kanal.

Die Donau zwischen Gäuboden und Bayerischen Wald blieb lange Zeit von massiven Eingriffen verschont. Zwar wurde der Fluss auch hier in seinem Bett fixiert, um Bauernland und Siedlungen vor unberechenbaren Verlagerungen des Flusslaufs zu schützen, zwar wurden auch hier Deiche errichtet, um weiteres Ackerland zu gewinnen, der Fluss selbst durfte aber ohne Unterbrechung durch die weite Ebene strömen. Stauwehre für Flusskraftwerke lassen sich in Engtälern, wie zum Beispiel im Kachlet bei Passau und bei Jochenstein zwischen Bayern und Oberösterreich, einfacher und wirkungsvoller realisieren, als im flachen Gäuboden. Für die Flussschifffahrt war die

Donau hier wegen des geringen Gefälles und der guten Wasserführung auch ohne Staustufen ausreichend. Selbst für die Pläne einer durchgehenden Schifffahrtsstraße vom Rhein über den Main und einen neuen Kanal zur Donau, die mit dem „Duisburger Vertrag" zwischen dem Deutschen Reich und dem Freistaat Bayern im Jahre 1921 manifestiert wurden, wäre der geforderte „niedrigste schiffbare Wasserstand" von 2 Metern mit geringen flussregulierenden Maßnahmen, dem Einbau von Buhnen und Leitwerken an einigen Stellen, herzustellen gewesen.

A. Hinterleitner: Die technische Gestaltung der Großschiffahrtsstraße Rhein-Main-Donau, in: Das Bayerland, 47. Jg., 1936, S. 619-626, S. 620 ff.:
„Die gleiche Bauweise, ‚Kanalisierung' oder besser ‚Staffelausbau', wie am Main hat bereits an der 25 km langen Donaustrecke Passau-Vilshofen zum Ziele geführt und wird zweckmäßig auch in der 30 km langen Strecke Regensburg-Kelheim sowie an der Altmühl (dort in Verbindung mit kurzen Seitenkanälen) angewendet werden. Dagegen gestattet das geringe Gefälle und die gute Wasserführung der 130 km langen Donaustrecke Regensburg-Vilshofen durch ‚Regulierung auf Niederwasser' ebenfalls das gesteckte Ziel (2 Meter Mindestfahrtiefe beim sogenannten ‚niedrigsten schiffbaren Wasserstand') zu erreichen. Es gilt hier, durch Einbau von Buhnen (Querbau-*

ten), Leitwerken, Grundschwellen und gegebenenfalls mit Nachhilfe von Baggerungen die Niederwasserrinne in eine für die Schiffahrt nach Querschnitt und Grundriß günstige Form zu bringen, wobei in der Regel eine Mindestbreite der Fahrrinne von 80 Meter angestrebt wird. Ein Teil der Arbeit wird hier wie auch sonst im Flußbau dem Wasser selbst zugewiesen, und es kommt dabei darauf an, mit den Baumaßnahmen vorsichtig vorzugehen und ihre Wirkung sorgfältig zu beobachten, um Fehlschläge zu vermeiden. Da das Flußbett an vielen Stellen schon nahezu die erforderliche Form hat, müssen die Arbeiten in den für die Schiffahrt jeweils ungünstigsten Teilstrecken ein-

setzen, was engste Zusammenarbeit mit den Schiffahrttreibenden voraussetzt. Auch diese Bauweise ist längst erprobt und wird bestimmt den gewünschten Erfolg erzielen."

Als nach dem Zweiten Weltkrieg, der das Ende des alten, seit seiner Fertigstellung im Jahr 1836 verkehrstechnisch durch die Eisenbahn überholten und stets unrentablen „Ludwig-Donau-Main-Kanals" bedeutete, die Pläne der Großschifffahrtsstraße Rhein-Main-Donau wieder aufgegriffen wurden, als im Jahr 1966 der „Duisburger Vertrag" von 1921 zur „Kanalisierung der Donau" erneuert wurde, hatten Groß-schifffahrts- und Bauindustrie das Ziel

In der Mühlhamer Schleife; hinter den Weiden am Ufer ist die Kirche von Aicha an der Donau zu sehen.

im Auge, auch bei Niedrigwasser Frachtschiffen bis zu 2,50 Meter Tauchtiefe die Durchfahrt zu ermöglichen. Um dieses Ziel zu erreichen, muss eine Wassertiefe von mindestens 2,80 Meter auch bei jahreszeitlich bedingtem Niedrigwasser sichergestellt werden – eine Wassertiefe, die der Donau im Gäuboden von Natur aus nicht gegeben ist. Die Ausbauplanungen, die seit 1966 in mehr als zwanzig Varianten ausgearbeitet wurden, sahen deshalb auf dem Flussabschnitt zwischen Regensburg und dem Ende des Kachlet-Staus bei Vilshofen bis zu sieben Staustufen vor. Es waren die Pläne zur vollständigen Zerstörung einer Flusslandschaft.

Fachleute – Biologen, Zoologen, Ornithologen – und Naturfreunde, allen voran der Bund Naturschutz in Bayern e.V., erkannten schnell, welche Katastrophe sich mit den Bauplänen des Main-Donau-Kanals und der Staustufenkanalisierung der Donau anbahnt. 1973 starteten die bayerischen Naturschutzverbände, Oppositionspolitiker und Bürger eine breit angelegte Kampagne gegen den Weiterbau des Kanals von Nürnberg nach Regensburg, in der auch gefordert wurde, in der Donau unterhalb von Regensburg keine weiteren Staustufen mehr zu bauen. Besonderes Gewicht bekam diese Forderung

durch eine Veröffentlichung der Ornithologischen Arbeitsgemeinschaft 1977 [Quelle: Landesamt für Umwelt], in der aufgezeigt wurde, welche überragende ökologische Bedeutung das Donautal für den Naturschutz in Mitteleuropa und als zentrales Überwinterungs- und Rastgebiet für ziehende Wasservögel hat. Ein Verlust dieses Lebensraums würde für den europäischen Brutbestand gravierende Auswirkungen haben.

Auch in der seit 1969 regierenden „sozial-liberalen Koalition" (Koalition zwischen SPD und FDP) waren die Vorbehalte gegen den gewaltigen Wasserstraßenausbau groß. Der damalige Bundesverkehrsminister Volker Hauff bezeichnete den Main-Donau-Kanal als das „dümmste Bauprojekt seit dem Turmbau zu Babel". Im Frühjahr 1982 beschloss der Haushaltsausschuss des Deutschen Bundestages mit Mehrheit der Angeordneten von SPD und FDP die qualifizierte Einstellung des Baus des Rhein-Main-Donau-Kanals sowie den Verzicht auf weitere Staustufen in der Donau. Im Herbst 1982 zerbrach aber die Koalition zwischen SPD und FDP, für eine neue Koalition zwischen CDU/CSU und FDP machte der damalige Ministerpräsident Bayerns und CSU-Vorsitzende Franz Josef Strauß den Weiterbau des Kanals und der Staustu-

fen in der Donau zur Bedingung. Der Bau des Kanals und der Staustufen zwischen Regensburg und Straubing wurde wieder aufgenommen.

Während die Baumaßnahmen zwischen Kelheim und Regensburg Anfang der 70-er Jahre noch kaum auf Widerstand vor Ort stießen, ja im Gegenteil gar als zentrale Voraussetzung weiterer Fortschritts und damit auch für die Schaffung von Arbeitsplätzen von einer Mehrheit der Bevölkerung begrüßt wurde, kam es zu einem massiven Bürgerprotest als bekannt wurde, dass das national naturschutzfachlich bedeutsame Donaustaufer Altwasser in Folge der Donaukanalisierung zwischen Regensburg und Geisling weitgehend verfüllt werden sollte. In dem vom

Mit der Kanalisierung des letzten größeren Freiflussabschnitts der Donau in Bayern würde auch die Uferschnepfe hier ihren Lebensraum verlieren.

Am Ufer der Donau bei Niederalteich haben gläubige Naturfreunde ein Kreuz errichtet. Unter der Schirmherrschaft des Altabtes Emmanuel Jungclaussen beten sie hier regelmäßig für die Erhaltung der frei fließenden Donau als einem Teil der Schöpfung.

beauftragten Planungsbüro im Jahr 1979 erstellten Landschaftsplan gab es erhebliche Fehler bei der Erfassung schutzwürdiger Tier- und Pflanzenarten. So wurde zum Beispiel bei acht von vierzehn bewerteten Gebieten nicht eine Tierart benannt. Die Universität Regensburg erstellte deshalb unter Leitung von Prof. Dr. Helmut Altner und Dr. Peter Streck ein eigenes Gutachten zur Bedeutung dieses Fluss-abschnittes und der Gestaltung des Donaustaufer Altwassers als ökologi-schen Ausgleichsraum. Dieses Gutach-ten mit der Zielsetzung, das Donau-staufer Altwasser als Überlebensinsel zu sichern, fand aber keine Beachtung.

Stattdessen kam es zu einer sogenann-ten Biotoptransplantation. Es sollte durch die Verpflanzung schutzwürdiger Vegetationsbereiche in neu hergestellte Verlandungsbereiche der Artenverlust verringert werden. Für diese „Manipu-lation der Natur" wurden erhebliche Finanzmittel benötigt – es wurde trotzdem ein grandioser Fehlschlag. Denn „Wechselwasser-Lebensräume" benötigen häufig wechselnde Wasser-stände, die es in einer gestauten Donau nicht gibt.

Der „Deutsche Rat für Landespflege" (www.landespflege.de), eine unabhängi-ge Vereinigung namhafter Wissen-schaftler unter der Schirmherrschaft des damaligen Bundespräsidenten, hat in einer Stellungnahme vom 28. Dezember 1982 zum Weiterbau des Main-Donau-Kanals vor unabsehbaren Folgen besonders des weiteren Donauausbaus zwischen Straubing und Vilshofen gewarnt. Die Forderung des bayeri-schen Landesentwicklungsprogramms, „die Kanalisierung der Donau zwischen Regensburg und Vilshofen soll Natur-haushalt und Landschaftsbild nicht nachteilig beeinträchtigen", würde völlig unzureichend erfüllt. In der Stau-

haltung Geisling blieben von 116 Donau-Altwassern ganze zwei unbe-rührt, 109 gingen durch die Flusskana-lisierung vollständig verloren. Allein in der unteren Hälfte der Stauhaltung Straubing würden sechs Brutplätze des Großen Brachvogels sowie eine unbe-kannte Zahl von Brutplätzen von Beu-telmeise, Braunkehlchen, Neuntöter, Pirol, Blaukehlchen, Zwergrohrdommel, Eisvogel, Nachtigall und anderen bedrohten Vogelarten vernichtet. Um vergleichbare Verluste im Abschnitt Straubing-Vilshofen zu vermeiden, empfiehlt der Rat die Einsetzung einer interdisziplinären unabhängigen Gutachtergruppe. Dieser Empfehlung wurde jedoch nicht entsprochen.

Der Widerstand gegen den weiteren Staustufenausbau wurde mit den Erfah-rungen nach dem Bau der Staustufe Geisling und dem Ruin des Donaustau-fer Altwassers erheblich größer als der Widerstand gegen die Staustufen strom-aufwärts. Erstmals in der Geschichte des Donauausbaus kam es zu erhebli-chen Protesten gegen eine Staustufe: die Staustufe Straubing. Der Protest richtete sich auch gegen die Zerstörung der Öberauer Schleife, einer Flussschleife

Für die Erhaltung der frei fließenden Donau, eine der schönen Flusslandschaften Deutschlands, demonstriert der Deutsche Kanuverband.

der Donau oberhalb von Straubing, die zur Begradigung der Wasserstraße „abgeschnitten" wurde. Bis zum Umbau des Flussabschnitts zwischen Regensburg und Straubing zur technisierten Wasserstraße war die Öberauer Schleife wegen der regelmäßigen Überflutung der umschlossenen Wiesen im Winterhalbjahr ein einzigartiger Lebensraum im Donautal, vor allem für Wiesenbrütervögel. Nach Fachgutachten der Professoren Josef H. Reicholf und Otto Siebeck wäre als unverzichtbare Notwendigkeit für den ökologischen Ausgleich eine Mindestdurchströmung der Öberauer Schleife und eine künstliche Überflutung der Wiesen im Winterhalbjahr als Simulation von Winterhochwassern erforderlich gewesen. Zugunsten höherer Stromausbeute im Wasserkraftwerk der Staustufe Straubing wurde diesen Forderungen nicht entsprochen. Mit einem Tausendstel des früheren Wasserdurchflusses wurde die Öberauer Schleife zum stehenden Altwasser, die einmal so einzigartigen Lebensräume sind verschwunden. Die neuen Naturschutzgebiete in der Pfatterer und in der Gmündner Au können die Verluste nicht ersetzen.

Nach dem erfolglosen Widerstand gegen die Zerstörung der Donau bis Straubing und nachdem die einschneidende Veränderung der Donaulandschaft für jedermann sichtbar und der Umbruch der ökologischen Bedingungen – nicht zuletzt durch eine Massenvermehrung der Zuckmücken, unter der die Anwohner der Region zu leiden hatten – spürbar wurde, setzte ein beispielloser Massenprotest gegen die weitere Staustufenkanalisierung der Donau im letzten frei fließenden Abschnitt von Straubing bis Vilshofen ein. Um den Bund Naturschutz mit dem Deggendorfer Kreisvorsitzenden Ludwig Daas und den Landesbund für Vogelschutz herum bildete sich ein breites

Bündnis lokaler Bürgeraktionen der betroffenen Donaugemeinden. Bauern, Fischer, Jäger und kirchliche Gruppen traten für die Rettung „ihrer" Donau, zum Schutz der Heimat, zur Bewahrung der Schöpfung ein. In zahllosen Veranstaltungen, Protestaktionen, Demonstrationen, Petitionen an den Bayerischen Landtag und den Deutschen Bundestag brachten die Menschen der Donauregion ihren Protest gegen die Ausbaupläne und ihre Sorge um die Heimat zum Ausdruck. Mehr als 100 000 Unterschriften dokumentierten 1996 die Ablehnung der Staustufenpläne durch die große Mehrheit der Bürger.

Auf internationalen Donaukongressen, die der Bund Naturschutz seit 1990

Alljährlich laden Umweltverbände und lokale Vereine zum „Fest an der Donau" mit Kanufahrten, Naturerlebnisveranstaltungen, Informationen, Bierzelt und Musik, und zum Abschluss einer großen Kundgebung für die frei fließende Donau.

Fünf Ausbauvarianten wurden untersucht:

Variante A: weiter optimierter Ist-Zustand mit flussregulierenden Maßnahmen

Variante B: verschärfte Flussregelung mit verbreiterter Fahrrinne und größeren Kurvenradien

Variante C: flussregelnde Maßnahmen mit einer Staustufe bei Aicha

Variante D1: zwei Staustufen bei Waltendorf und Osterhofen und ein Seitenkanal

Variante D2: drei Staustufen bei Waltendorf, Aicha und Vilshofen.

Das Ergebnis der Untersuchungen zeigte, dass die ökologischen Auswirkungen umso gravierender sind, je mehr Staustufen gebaut werden und mit der Variante A die geringsten Schäden verursacht würden. Die Variante B erwies sich als ungeeignet, weil mit der „verschärften Flussregelung" die Fahrwasserverhältnisse für die Schifffahrt schlechter würden, als sie ohne jeden Eingriff sind. Mit den Varianten A und C können statt der geforderten Fahrrinnentiefe von 2,80 Metern bei Niedrigwasser nur 2,50 Meter erreicht werden. Das Verhältnis des Gesamtnutzens zu

alljährlich in der Landvolkshochschule Niederalteich durchführt, auf denen sich namhafte Wissenschaftler mit Fragen der Flussökologie, des Wasserbaus und der Binnenschifffahrt auseinandersetzen, konnten Zug um Zug die Argumente für die Staustufenkanalisierung der Donau entkräftet und widerlegt werden.

Die fundierten Expertenaussagen von Ökologen, wie Prof. Dr. Bernd Lötsch, und Fachleuten des Wasserbaus, wie Prof. Harald Ogris und Prof. Dr. Hans Helmut Bernhart, zusammen mit dem unüberhörbaren Bürgerprotest, bewegten im Jahr 1996 den verantwortlichen Bundesverkehrsminister Matthias Wissmann und den Bayerischen Minister-

präsidenten Edmund Stoiber dazu, das laufende Raumordnungsverfahren zum Donauausbau von Straubing bis Vilshofen einzustellen. In diesem Raumordnungsverfahren sollte geprüft werden, ob der Bau zweier Staustufen, bei Waltendorf und bei Osterhofen-Ruckasing, sowie eines über sieben Kilometer langen Kanals zur Verkürzung des Schifffahrtsweges den Erfordernissen der Raumordnung entspricht. Es wurde vereinbart, bis zum Jahr 2000 in „vertieften Untersuchungen" festzustellen, mit welchen Ausbaumethoden, auch solchen ohne Staustufen, welche Ergebnisse zu erreichen sind und wie weit der Ausbau die Ökologie von Fluss und Auen beeinträchtigt.

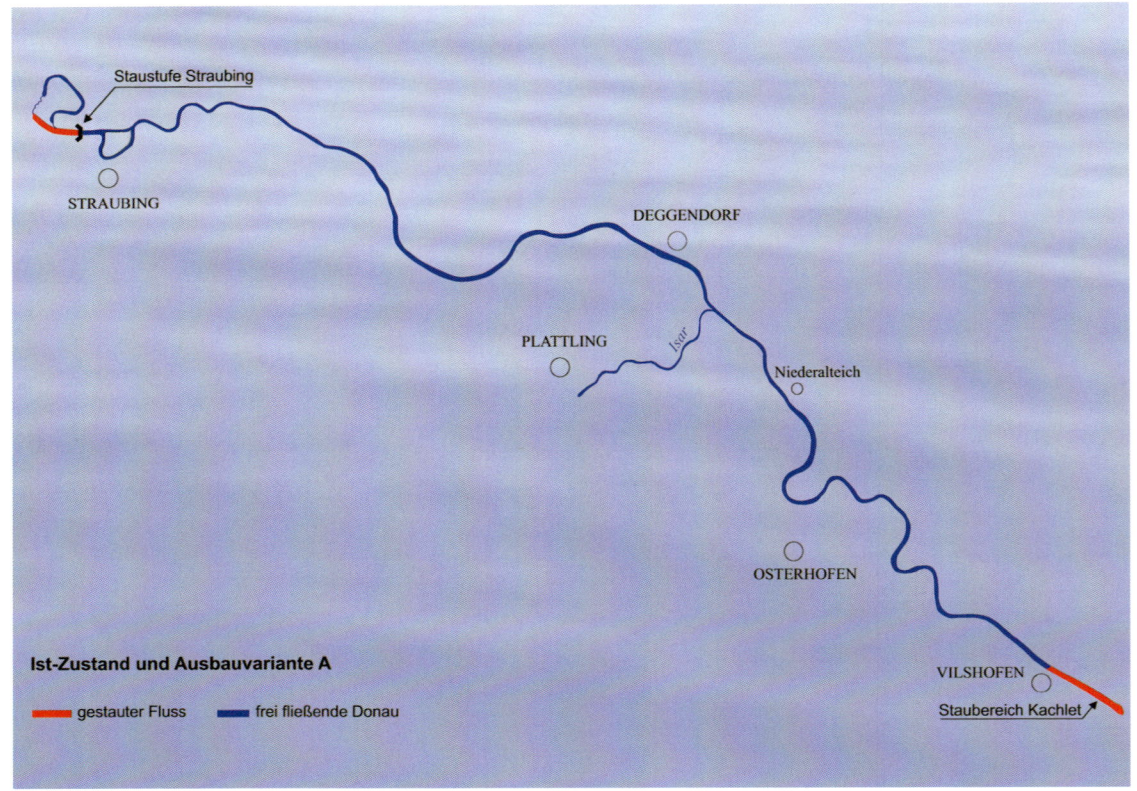

Die Donau zwischen Straubing und Vilshofen: In Ausbauvariante A wird die Fahrrinne mit optimierten Buhnen und Leitwerken verbessert, der Fluss bleibt ungestaut.

Ist-Zustand und Ausbauvariante A

— gestauter Fluss — frei fließende Donau

den Ausbaukosten ist jedoch bei der Variante A ohne Staustufen mit Abstand am besten, bei den Staustufenvarianten D1 und D2 (abgesehen von der Variante B) am schlechtesten.

Auf Grund dieser Untersuchungsergebnisse fiel im Jahr 2002 eine bedeutende Entscheidung im Deutschen Bundestag: Es werden keine weiteren Staustufen mehr gebaut, Verbesserungen für die Binnenschifffahrt werden ausschließlich mit naturschonenden flussregulierenden Maßnahmen gemäß der kostengünstigsten Ausbauvariante A vorgenommen. Nach jahrelangem

Kampf gegen eine Allianz aus Bauindustrie, bayerischer Staatsregierung und einzelnen Schifffahrtslobbyisten hatte sich eine gute Kompromisslösung durchsetzen lassen. Der Bund Naturschutz begrüßte damals die Erklärung des Bundesverkehrsministers Kurt Bodewig, schon in Kürze ein Raumordnungsverfahren für den Donauausbau ohne Staustufen einzuleiten.

Die Bayerische Staatsregierung hat sich mit dieser Entscheidung nicht abgefunden. Die Einleitung des Raumordnungsverfahrens wurde bis zum Jahr 2005 verzögert. Als schließlich die

erforderlichen Unterlagen vorlagen, verlangte die Bayerische Staatsregierung neben der vom Bundesverkehrsministerium vorgelegten Variante A auch zwei Staustufenvarianten, die Variante D2 und eine erweiterte Variante C zur Herstellung einer durchgehenden Niedrigwasser-Fahrrinnentiefe von 2,80 Metern unter der Bezeichnung C280, landesplanerisch zu beurteilen. Zuständige Behörde für die Durchführung des Raumordnungsverfahrens war die Regierung von Niederbayern. Dass das Ergebnis der landesplanerischen Beurteilung dem Wunsch der Bayerischen Staatsregierung entsprach, war wenig verwunderlich: Nur die Variante C280 entspricht, unter bestimmten Maßgaben, die zum Ausgleich und Ersatz der gravierenden ökologischen Schäden zu erfüllen sind, den Erfordernissen der Raumordnung. Die Variante A entspricht den Erfordernissen der Raumordnung nicht, weil die Donau damit nicht „bedarfsgerecht" ausgebaut würde. Die Variante D2 entspricht den Erfordernissen ebenfalls nicht, weil die ökologischen Schäden so groß wären, dass ein Ausgleich oder Ersatz unmöglich ist.

Die Maßgaben der positiv beurteilten Variante C280 gehen davon aus, dass

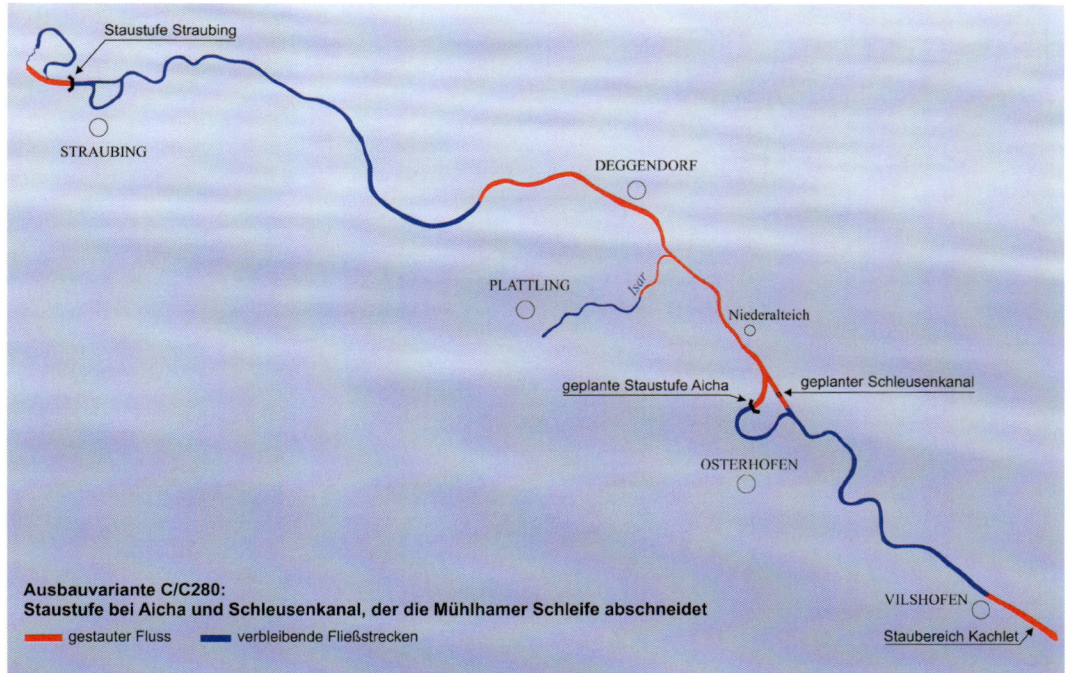

Ausbauvariante C/C280:
Staustufe bei Aicha und Schleusenkanal, der die Mühlhamer Schleife abschneidet

— gestauter Fluss — verbleibende Fließstrecken

In der Ausbauvariante C ist eine Staustufe vorgesehen, mit einem Schleusenkanal soll die Mühlhamer Schleife abgeschnitten werden. Der mittlere Abschnitt der frei fließenden Donau wird zum fast stehenden Gewässer, die für die Auen so wichtigen Wasserstandsschwankungen gehen verloren. Oberhalb und unterhalb der geplanten Staustrecke soll die Donau mit massiven Baggerungen vertieft werden – eine Maßnahme mit unabsehbaren Folgen, denen am Ende mit weiteren Staustufen begegnet werden muss.

Ausbauvariante D2:
Staustufen bei Waltendorf, Aicha und Vilshofen

— gestauter Fluss — verbleibende Fließstrecken

In der Ausbauvariante D2 sind drei Staustufen vorgesehen, die frei fließende Donau würde nahezu vollständig eingestaut, mit allen Folgen für Fluss, Auen und die umgebende Landschaft, die der Umbau vom Fluss zum Stau nach sich zieht. Ein ökologischer Ausgleich für solche Eingriffe ist niemals möglich.

die Schäden im Natur- und Grundwasserhaushalt, die durch die Stauhaltung und die massive Ausbaggerung der Flusssohle bewirkt würden, tatsächlich ausgeglichen werden können. Damit widerspricht die Regierung von Niederbayern allen Fachgutachten aller Naturschutzbehörden bis hin zum Bundesamt für Naturschutz und aller Naturschutzverbände, die bescheinigen, dass die vorgesehenen Eingriffe Natur und Umwelt unumkehrbar schädigen würden. Vielmehr sehen Ökologen in den beschriebenen Ausgleichsmaßnahmen zusätzliche Schädigungen des Naturhaushalts.

Ungeachtet aller Bedenken versucht die Bayerische Staatsregierung mit dem Ergebnis des Raumordnungsverfahrens, der landesplanerischen Beurteilung, den Staustufenausbau nach Variante C280 gegen den geltenden Bundestagsbeschluss durchzusetzen. Mit Hilfe der Rhein-Main-Donau Aktiengesellschaft, die größtes wirtschaftliches Interesse am Maximalausbau der Donau hat, wird versucht, auf Bundesministerien und -behörden, ebenso auf Institutionen der Europäischen Union, Einfluss zu nehmen. Das Ziel der Europäischen Union, transeuropäische Verkehrsnetze zu verbessern und auszubauen, verspricht lukrative Bauaufträge im gesamten Donaustrom bis zu seiner Mündung. Die EU-Vorgaben zu den Ausbauzielen werden als Argument für die Notwendigkeit der Staustufenkanalisierung des letzten Freiflussabschnitts

der niederbayerischen Donau benutzt. Die Vorgaben werden dabei so interpretiert, als sei der Staustufenbau zwingend. Darüber hinaus wird versucht, die europäischen Naturschutzgesetze, die Vogelschutz-Richtlinie, die Flora-Fauna-Habitat-Richtlinie (FFH) und die Wasser-Rahmenrichtlinie zu umgehen. Aber ebenso, wie die am Umbau des Flusses zur leblosen Wasserstraße interessierten Kräfte versuchen, mit europäischen Argumenten Druck auf die Regionen auszuüben, verbinden sich Naturschützer aller Länder entlang der Donau, um „ihren" Fluss vor weiterer Zerstörung zu bewahren. In allen EU-Ländern an der Donau sammeln sie Unterschriften für eine Petition an das Europäische Parlament.

Der Ausbau der Donau in Niederbayern, so wie ihn die Bayerische Staatsregierung anstrebt, würde eine einmalige Natur- und Kulturlandschaft gravierend verändern. Es gingen nicht nur einzigartige Naturlebensräume, die im hoch belasteten Mitteleuropa, sehr selten geworden sind, für immer verloren. Der Freizeit- und Erholungswert der Donaulandschaft würde erheblich beeinträchtigt, damit die Lebensqualität in der Region. Der Unterschied der Donaulandschaft im Staubereich und am frei fließenden Fluss ist beim Vergleich der Donaustrecken Regensburg-Straubing und Straubing-Vilshofen eindrucksvoll zu erkennen. Die Probleme des Grundwasserhaushalts, der Wasserreinhaltung

und der Trinkwasseraufbereitung sind in ihrer vollen Tragweite nicht absehbar. Wasserbauexperten befürchten, dass nach dem Bau der jetzt angestrebten einen Staustufe wegen der Veränderungen der Flusssohle in kurzer Zeit der Bau weiterer Staustufen zwingend erforderlich wird. Das würde das vollständige Ende eines einzigartigen Natur- und Kulturraums bedeuten. In einer Zeit, in der die Bedeutung intakter Flüsse längst bekannt ist und andernorts Flüsse mit hohem Aufwand „renaturiert" werden, sind die Ausbaupläne der Donau in Niederbayern der reine Anachronismus. Dass exponierte Vertreter der Bayerischen Staatsregierung die zerstörerischen Eingriffe in ein Herzstück bayerischer Landschaft forcieren und um jeden Preis durchzusetzen versuchen, ist für viele Bürger unverständlich.

Um die überragende Bedeutung der niederbayerischen Donau für Natur, Kultur und Geschichte zu dokumentieren, hat der Bayerische Heimattag, ein Zusammenschluss von Bund Naturschutz in Bayern, Bayerischem Landesverein für Heimatpflege und dem Verband bayerischer Geschichtsvereine, im Jahr 2005 seine Absicht erklärt, alle Schritte zu unternehmen, um die Donaulandschaft zwischen

Am Rand der trockenen Wiese lauert das Braunkehlchen auf Beute – Insekten, die es im Flug fängt.

Wussten Sie, dass ...
... im Winter an der ungestauten Donau bis zu 50 000 Wasservögel aus ganz Europa rasten?

Wussten Sie, dass ...
... in der niederbayerischen Donauebene auf 0,4 % der Fläche Bayerns über 65 % aller heimischen Vogelarten leben?

Wussten Sie, dass ...
... die vom Fluss entfernter gelegene Hartholzaue durch das Abdichten der Dämme trockengelegt wird? Pflanzen wie Blaustern und Buschwindröschen benötigen aber gelegentliche Überschwemmungen. Außerdem sind 73 in ihrer Existenz gefährdete Pflanzenarten in diesem Donauabschnitt nachgewiesen worden.

Wussten Sie, dass ...
... allein in der niederbayerischen Donau ungefähr 50 verschiedene Fischarten leben - fast so viele, wie im gesamten Rhein von der Quelle bis zur Mündung?

Wussten Sie, dass ...
... alle bedrohten Lebensräume und Arten auf einen intakten Fluss und einen intakten Grundwasserhaushalt angewiesen sind?

Wussten Sie, dass ...
... die Auwälder als Nieren des Wasserkörpers dienen? Sie sind die Hüter und Garanten der Reinheit des Wassers. Auwälder beseitigen Stickstoff- und Phosphatverunreinigungen. Intakte Auwälder hüten die Verbindung zwischen den Flüssen und dem Grundwasser, das die Menschen für ihr Trinkwasser benötigen. Auwälder werden das Gold des neuen Jahrhunderts genannt.

Wussten Sie dass ...
... zahlreiche Tierarten weltweit nur hier vorkommen, die niederbayerische Donauaue also eine echte „Arche Noah" darstellt? So z.B. die „Theodoxus danubialis", Donaukahn-Schnecke.

Wussten Sie, dass ...
... die Selbstreinigungskraft des frei fließenden Flusses selbst der modernsten Kläranlage überlegen ist?

Wussten Sie, dass ...
... seit die Donau von Regensburg bis Straubing kanalisiert wurde, die Hochwasserwelle viermal schneller von Regensburg nach Passau läuft als vor dem Ausbau?

Wussten Sie, dass ...
... auch die Trinkwasservorräte der Region und die Bodenfruchtbarkeit von einem intakten Grundwasserhaushalt abhängen?

Wussten Sie dass ...
... die Aue von der Dynamik lebt? Wesentliches Merkmal sind die schwankenden Wasserstände im Fluss und im Grundwasser, der Abtrag und die Anlandung von Sand und Kies und die dadurch verursachte Dynamik in der Vegetation. An einem intakten Gewässer wie der Donau zwischen Straubing und Vilshofen stellt sich eine typische Abfolge von Auen-Lebensräumen ein.

Wussten Sie, dass ...
... seit Ende Juni 2001 auf Druck der Umweltverbände auch die Donauauen und das Isarmündungsgebiet als europäische Flora-Fauna-Habitat-Gebiete gemeldet sind. Sie fallen damit unter den besonderen Schutz der europäischen Naturschutzrichtlinien.

Straubing und Vilshofen mit dem Isarmündungsgebiet von der UNESCO als Weltkultur- und Weltnaturerbe ausweisen zu lassen. Hoffnung, die Donau in Bayern und Europa als freien Fluss dauerhaft zu schützen, geben aber nicht nur solche Initiativen, sondern auch das Engagement vieler Menschen, die an der Donau leben für ihren Fluss, für die Donau als Heimat, als Ort der Besinnung, des zu sich Findens, für die Donau als unverzichtbaren Lebensraum für uns selbst, als Ort der Kraft und der Bescheidenheit. Dies wird auf besondere Weise im Gedicht „Alles im Fluss" von Michael Albus ausgedrückt:

Flüsse sind Zeichen des Lebens.
Sie fließen in der Zeit.
Sie haben einen Anfang.
Sie haben ein Ende.
Fließen ist ihre Gegenwart.
Flüsse machen Geschichte.
Flüsse trennen Menschen.
Flüsse vereinen sie.
Voraussetzung ist, dass man Brücken baut.
Dass man übersetzt von einem Ufer ans andere.
Alles ist Übergang.
Flüsse nähren.
Flüsse zerstören.
Flüsse reißen mit.
Man kann mitschwimmen im Strom.
Man kann gegen den Strom schwimmen.
Das eine ist leicht.
Das andere ist schwer.

Flüsse sind Lehrer.
Sie lehren das Leben.

(Prof. Dr. Michael Albus in „Ost-West Europäische Perspektiven", 5. Jahrgang 2004, Heft 3, Matthias-Grünewald-Verlag)

Hoffnung für die Donau gibt uns auch die bei den Politikerinnen und Politikern langsam wachsende Erkenntnis, dass die Zukunft der Menschheit in der Versöhnung von Mensch und Natur liegen muss. Das heißt, im Wirtschaften mit der Natur und nicht im Wirtschaften gegen die Natur. Der Verzicht auf weitere Staustufen wäre ein Zeichen des Friedenschließens zwischen Mensch und Natur und ein Zeichen eines friedlichen, in gegenseitiger Achtung vereinten Europas.

Erklärung des 33. Bayerischen Heimattages 2005 in Straubing

Der 33. Bayerische Heimattag erklärt seine Absicht, alle Schritte zu unternehmen, um die Donaulandschaft zwischen Straubing und Vilshofen mit dem Isarmündungsgebiet als Weltkultur- und Weltnaturerbe von der UNESCO ausweisen zu lassen. Der Bayerische Heimattag geht davon aus, dass auch die Städte Regensburg und Passau in ein Weltkulturerbekonzept einbezogen werden können.

Auf ihrem mehr als 2 850 Kilometer langen Lauf durchfließt die Donau kaum eine Landschaft, in der sich Natur, Kultur und Geschichte zu einer derart einzigartigen Symbiose vereinigen, wie in der Donaulandschaft zwischen Straubing und Vilshofen.

Die Donau hat hier ihren mit 70 Kilometern längsten, zusammenhängenden und nicht begradigten Flussabschnitt von Donaueschingen (Deutschland) bis Györ (Ungarn). Dieser Flussabschnitt ist gemeinsam mit dem Isarmündungsgebiet von größter Bedeutung für die Artenvielfalt in Mitteleuropa, da auf einem Bruchteil der Landesfläche sehr viele Arten repräsentativ vertreten sind und diese Region das Überleben zahlreicher autochthoner, teilweise nur in diesem Donauabschnitt vorkommender Arten sichert. Durch die Ausweisung von über 9 000 Hektar als Natura 2 000-Gebiete der EU wird diese Bedeutung dokumentiert.

Dieser Raum ist zudem von größter geschichtlicher und kultureller Bedeutung als eines der ältesten Siedlungsgebiete, als Grenzraum des römischen Reichs zu Germanien, als ein Zentrum der Christianisierung des östlichen Mitteleuropas durch Klöster wie Niederaltaich und Metten, als Stätte bedeutender Entwicklungen des Mittelalters und der Neuzeit, dokumentiert durch die Stadtdenkmalensembles von Straubing oder von Deggendorf. Die Städte Regensburg und Passau sind wegen ihres geschichtlichen Ranges als Handelszentren über Jahrhunderte, wegen ihrer Ausstrahlung in das östliche Mitteleuropa und wegen ihrer Stadtgestalt von herausragender Bedeutung.

Gerade die Verknüpfung der Vielzahl von Baudenkmälern nationalen und internationalen Ranges mit der bedeutenden Flusslandschaft der Donau und des Isarmündungsgebietes, als dem ökologisch hochwertigsten Flussmündungsgebiet in Deutschland, macht dieses Gebiet auszeichnungswürdig als UNESCO Weltkultur- und Weltnaturlandschaft. Die Donaulandschaft zwischen Straubing und Vilshofen wird damit in ihrer besonderen Einzigartigkeit anerkannt und anderen Welterbelandschaften, wie der Wachau in Österreich oder dem oberen Mittelrheintal und dem Elbetal bei Dresden, gleichgestellt.

Mit der beantragten UNESCO-Auszeichnung sind keine zusätzlichen rechtlichen Vorschriften verbunden. Die bestehenden regionalen, nationalen und europäischen gesetzlichen Vorgaben sind zu beachten. Die bestehenden Privatrechte werden nicht angetastet.

Straubing, den 5. Juni 2005

gez. Prof. Dr. Hubert Weiger
1. Vorsitzender – Bund Naturschutz in Bayern e.V.
gez. Johann Böhm
1. Vorsitzender – Bayerischer Landesverein für Heimatpflege
gez. Prof. Dr. Manfred Treml
1. Vorsitzender – Verband bayerischer Geschichtsvereine

Die Chronik der Rhein-Main-Donau-Wasserstraße

1836	Eröffnung des Ludwig-Donau-Main-Kanals
	73 km lang, 12 m breit, 1,5 m tief
	Schiffe bis zu 32 m lang, maximal 4,5 m breit
	1945 aufgegeben, Behebung der Kriegsschäden nicht mehr rentabel
1921	Internationale Donaukommission (Ulm bis Braila)
	1948 neue Donaukommission ohne Deutschland
1921	Duisburger Vertrag „Kanalisierung der Donau" (1966 erneuert)
1921-1948	Kanalisierung des Mains Aschaffenburg–Würzburg
ab 1959	Bau des Main-Donau-Kanals
1962	Eröffnung des Hafens Bamberg
1972	Fertigstellung der Strecke Bamberg–Nürnberg
25.9.1992	Eröffnung des Main-Donau-Kanals
15.12.1992	Raumordnungsverfahren Straubing–Vilshofen
	2 Staustufen und ein 7 km langer Seitenkanal
Juni 1996	Eröffnung des Hafens Straubing
17.10.1996	Vereinbarung Stoiber–Wissmann zur Strecke Straubing–Vilshofen: Fahrrinnentiefe 2,0 m unter RNW herstellen und unterhalten, Vertiefte Untersuchungen bis 2000, Varianten A, B, C, D1, D2
2001	Abschlussbericht der „Vertieften Untersuchungen"
2001	Benennung der Donau als FFH-Gebiet
20.2.2002	Anhörung im Bundestags-Verkehrsausschuss
26.2.2002	Bundestagsfraktionen SPD und Bündnis 90/Die Grünen entscheiden sich für Variante A
1.7. 02	Anweisung an die WSD Süd, schnellstmöglich das Raumordnungsverfahren für die Variante A zu veranlassen
22.8. 03	Vereinbarung Stolpe-Wiesheu über das weitere Vorgehen bei Donauausbau und Hochwasserschutz, Stolpe gesteht Bayern ROV für Stauvarianten C und D2 zu
14.1. bis 31.3.05	Öffentliche Auslegung der Raumordnungsunterlagen für die Varianten A, C, C280 und D2
28.4.06	Ende der Frist zur Abgabe von Stellungnahmen
8.3.06	Abschluss des Raumordnungsverfahrens mit der landesplanerischen Beurteilung durch die Regierung von Niederbayern

Das Autorenteam an der Donau bei Niederalteich, von links nach rechts:
Dieter Scherf, Günter Moosrainer und Prof. Dr. Hubert Weiger

Dieter Scherf, Jahrgang 1941, lebt seit 1990 in Niederbayern, wohin er sich nach Studium und Berufsleben in der Computerindustrie in München zurückgezogen hat. Er widmet sich seither ausschließlich dem Naturschutz und der Umweltpolitik. Seit 1998 ist er Vorsitzender der Bund-Naturschutz-Kreisgruppe Deggendorf, seit 2004 auch Mitglied des Bund-Naturschutz-Landesvorstands. Sein besonderer Einsatz gilt der Erhaltung der frei fließenden Donau und ihrer Auen in Niederbayern, wobei es ihm in erster Linie darauf ankommt, den Wert dieser Landschaft in ihrer ökologischen und kulturellen Bedeutung in das öffentliche Bewusstsein zu bringen.

Günter Moosrainer, Jahrgang 1944, machte schon früh das Fotografieren in freier Natur zu seinem Steckenpferd. Auf Fotoexkursionen durch fast ganz Europa entstanden zahlreiche hervorragende Naturaufnahmen, die in über 150 Büchern veröffentlicht wurden. Seit 25 Jahren lebt er an der niederbayerischen Donau, für ihn ein Eldorado, in dem es immer Neues zu entdecken gibt. Die bunte Welt der Vögel hat es ihm besonders angetan. Der Erhalt der Heimat und der Natur liegt ihm sehr am Herzen, was jeder – wie er meint – verstehen kann, der einmal in den Auwäldern an Donau und Isar gewesen ist.

Prof. Dr. Hubert Weiger, Jahrgang 1947, studierte in München und Zürich Forstwirtschaft, promovierte in München und lehrt an der Universität Kassel im Fachbereich Stadt- und Landschaftsplanung nachhaltige Landnutzung. Von 1973 bis 2002 war Hubert Weiger wissenschaftlicher Mitarbeiter des Bundes Naturschutz in Bayern e.V., seit 1991 verantwortlicher Leiter aller Fach- und Regionalreferate des Verbandes. Im April 2002 wurde er zum Vorsitzenden des Bundes Naturschutz in Bayern gewählt, im Dezember 2007 auch zum Vorsitzenden des Bundes für Umwelt und Naturschutz Deutschland (BUND). Hubert Weiger ist einer der profiliertesten Naturschützer Deutschlands, für die Erhaltung der frei fließenden Donau in Bayern setzt er sich besonders ein.

Literaturnachweis

Bosl, Karl: Bayerische Geschichte. München: Paul List Verlag 1976

Gerndt, Siegmar: Unsere Bayerische Landschaft. München: Prestel-Verlag 1978

Huber, Gerald: Kleine Geschichte Niederbayerns. Regensburg: Verlag Friedrich Pustet 2007

Klämpfl, Joseph: Der ehemalige Schweinach- und Quinzingau, 1. Auflage. Passau: Neue Presse Verlags-GmbH 1993. Unveränderter Nachdruck der 1855 im Verlag Elsässer und Waldbauer, Passau, erschienenen zweiten Auflage

Magerl, Christian und Rabe, Detlev (Hrsg.): Die Isar – Wildfluss in der Kulturlandschaft. Vilsbiburg: Verlag Kiebitzbuch 1999

Planungsbüro Prof. Dr. Schaller: Donauausbau Straubing–Vilshofen Raumordnungsverfahren Teil B Bestandserfassung, Bestandsbewertung und Vorbelastungen im Ist-Zustand. Kranzberg: Dezember 2004

Scherf, Gertrud (Hrsg.): Teufel, Pest und Wassernix – Sagen von der Bayerischen Donau. Winzer: Verlag Josef Duschl 2001

Schultes, J. A.: Baiern's Donaustrom von Ulm bis Engelhardszell – Ein Handbuch für Reisende auf der Donau. Wien: Verlag Anton Doll 1819

Zeitler, Walther und Wurm, Erich: Fische – Fähren – Schiffe. Straubing: Verlag Attenkofer 2001

Chronik der Gemeinde Winzer. Herausgeber: Marktgemeinde Winzer. Passau: Neue Presse Verlags-GmbH 1982

Die Donau – Lebensader, Kulturräume, Erkundungen. Hrsg: Landeszentrale für politische Bildung Baden-Württemberg: Dezember 2000

Lebensraum Donautal: Ergebnisse einer ornithologischen Untersuchung zwischen Straubing und Vilshofen. Herausgeber: Bayerisches Landesamt für Umweltschutz. Ornithologische Arbeitsgemeinschaft Ostbayern. München, Wien: Oldenbourg 1978

Laufener Seminarbeiträge 3/85: Die Zukunft der ostbayerischen Donaulandschaft
Seminar 18./19. November 1985, Wörth an der Donau. Leitung: ORR Johann Schreiner, ANL Herausgeber: Akademie für Natur- und Landschaftspflege, Laufen

Bayerisches Staatsministerium für Umwelt, Gesundheit und Verbraucherschutz (Hrsg.): Rote Liste der gefährdeten Tiere und Gefäßpflanzen Bayerns. Kurzfassung 2005

Fotonachweis

Bauer, Christian: S. 11, 16

Bouillon, Wolfgang: S. 22

Bund Naturschutz: S. 102, 103

Fischer, Berndt: S. 55 Mitte

Häußler, Theodor: S. 81

Kleiner, Christoph: S. 7

Landratsamt Deggendorf: S. 35, 91 li.

Leidorf, Klaus: S. 1, 10, 17, 19, 23, 27 (2), 33, 38, 39, 98

Moosrainer, Günter: Titel, S. 2, 12/13 (6), 14 (2), 15, 18, 21, 28/29 (4), 30/31 (2), 37, 40, 41, 43, 44/45 (2), 46, 48, 49 (3), 50 (2), 51 (2), 52 (3), 53, 54, 55 (o. und u.), 56 (4), 57, 58/59 (2), 60, 62 (2), 63 (2), 64, 65 (6), 66, 67, 69, 71 re., 72, 73, 74 (3), 75 (3), 76 (2), 77, 78, 80, 82/83 (2), 86, 89, 92 o., 94, 99, 100, 107

Moser, Günter: S. 20, 88

Neuhofer, Fotostudio Deggendorf: S. 24/25 (2)

Pfistermeister, Ursula: S. 22, 36, 42, 95

Scherf, Dieter: S. 50 li., 90, 91 re., 92 u., 96, 101

Träger, Ernst: S. 93

Wurm + Co.: S. 87 o.

Zeininger, Peter: S. 68, 71 (3), 72/73 (4)